NATURKUNDEN

启
蛰

讲述自然的故事

鸦

[德] 科德·里希尔曼　著

马琰　译

北京出版集团
北京出版社

今天我们为什么还需要博物学？

李雪涛

一

在德文中，Naturkunde的一个含义是英文的natural history，是指对动植物、矿物、天体等的研究，也就是所谓的博物学。博物学是18、19世纪的一个概念，是有关自然科学不同知识领域的一个整体表述，它包括对今天我们称之为生物学、矿物学、古生物学、生态学以及部分考古学、地质学与岩石学、天文学、物理学和气象学的研究。这些知识领域的研究人员被称为博物学家。1728年英国百科全书的编纂者钱伯斯（Ephraim Chambers, 1680 — 1740）在《百科全书，或艺术与科学通用辞典》（*Cyclopaedia, or an Universal Dictionary of Arts and Sciences*）一书中附有"博物学表"（Tab. Natural History），这在当时是非常典型的博物学内容。尽管从普遍意义上来讲，有关自然的研究早在古代和中世纪就已经存在了，但真正的

"博物学"却是在近代出现的，只是从事这方面研究的人仅仅出于兴趣爱好而已，并非将之看作一种职业。德国文学家歌德（Johann Wolfgang von Goethe, 1749 — 1832）就曾是一位博物学家，他用经验主义的方法，研究过地质学和植物学。在18世纪至19世纪之前，自然史（historia naturalis）[1] —— 博物学的另外一种说法 —— 一词是相对于政治史和教会史而言的，用以表示所有科学研究。传统上，自然史主要以描述性为主，而自然哲学则更具解释性。

近代以来的博物学之所以能作为一个研究领域存在的原因在于，著名思想史学者洛夫乔伊（Arthur Schauffler Oncken Lovejoy, 1873 — 1962）认为世间存在一个所谓的"众生链"（the Great Chain of Being）：神创造了尽可能多的不同事物，它们形成一个连续的序列，特别是在形态学方面，因此人们可以在所有这些不同的生物之间找到它们之间的联系。柏林自由大学的社会学教授勒佩尼斯（Wolf Lepenies, 1941 —　　）认

---

[1] 不论在古代，还是中世纪，拉丁文中的"historia"既包含着中文的"史"，也有"志"的含义，而在"historia naturalis"中主要强调的是对自然的观察和分类。近代以来，特别是18世纪至19世纪，"historia naturalis"成为了德文的"Naturgeschichte"，而"自然志"脱离了史学，从而形成了具有历史特征的"自然史"。

为，"博物学并不拥有迎合潮流的发展观念"。德文的"发展"（Entwicklung）一词，是从拉丁文的"evolvere"而来的，它的字面意思是指已经存在的结构的继续发展，或者实现预定的各种可能性，但绝对不是近代达尔文生物进化论意义上的新物种的突然出现。18世纪末到19世纪，在欧洲开始出现自然博物馆，其中最早的是1793年在巴黎建立的国家自然博物馆（Muséum national d'histoire naturelle）；在德国，普鲁士于1810年创建柏林大学之时，也开始筹备自然博物馆（Museum für Naturkunde）了；伦敦的自然博物馆（Natural History Museum）建于1860年；维也纳的自然博物馆（Naturhistorisches Museum）建于1865年。这些博物馆除了为大学的研究人员提供当时和历史的标本之外，也开始向一般的公众开放，以增进人们对博物学知识的了解。

德国历史学家科泽勒克（Reinhart Koselleck, 1923 — 2006）曾在他著名的《历史基本概念 —— 德国政治和社会语言历史辞典》一书中，从德语的学术语境出发，对德文的"历史"（Geschichte）一词进行了历史性的梳理，从中我们可以清楚地看出博物学/自然史与历史之间的关联。从历史的角度来看，文艺复兴以后，西方的学者开始使用分类的方式划分和归纳历史的全部知识领域。他们将历史分为神圣史（historia divina）、文明史（historia civilis）和自然史，而所依据的撰述方式是将史学定义为叙事（erzählend）或描写（beschreibend）的艺术。由于受到基督教神学造物主/受造物的二分法的影响，当时具有天主教背景的历史学家习惯将历史分为自然史（包括自然与人的历史）和神圣历史（historia sacra），例如利普修斯（Justus Lipsius, 1547—1606）就将描述性的自然志（historia naturalis）与叙述史（historia narrativa）对立起来，并将后者分为神圣历史和人的历史（historia humana）。科泽勒克认为，随着大航海时代的开始，西方对海外殖民地的掠夺和新大陆以及新民族的发现使时间开始向过去延展。到了17世纪，人们对过去的认识就已不再局限于《圣经》记载的创世时序了。通过莱布尼茨（Gottfried Wilhelm Leibniz, 1646—1716）和康德（Immanuel Kant, 1724—1804）的努力，自然的时间化（Verzeitlichung）着眼于无限的未来，打开了自然有限的过去，也为人们历史地阐释自然做了铺垫。到了18世纪，博物学慢慢脱离了史学学科。科泽勒克认为，赫尔德（Johann Gottfried Herder, 1744—1803）最终完成了从自然志向自然史的转变。

二

尽管在中国早在西晋就有张华（232—300）十卷本的《博物志》印行，但其内容所涉及的多是异境奇物、琐闻杂事、神仙方术、地理知识、人物传说等等，更多的是文学方面的"志怪"题材作品。其后出现的北魏时期郦道元（约470—527）著《水经注》、贾思勰著《齐民要术》（成书于533—544年间），北宋时期沈括（1031—1095）著《梦溪笔谈》等，所记述的内容虽然与西方博物学著作有很多近似的地方，但更倾向于文学上的描述，与近代以后传入中国的"博物学"系统知识不同。其实，真正给中国带来了博物学的科学知识，并且在中国民众中起到了科学启蒙和普及作用的是自19世纪后期开始从西文和日文翻译的博物学书籍。

尽管"博物"一词是汉语古典词，但"博物馆""博物学"等作为"和制汉语"的日本造词却产生于近代，即便是"博物志"一词，其对应上"natural history"也是在近代日本完成的。如果我们检索《日本国语大辞典》的话，就会知道，博物学在当时是动物学、植物学、矿物学以及地质学的总称。据《公议所日志》载，明治二年（1869）开设的科目就有和学、汉学、医学和博物学。而近代以来在中文的语境下最早使用

"博物学"一词是1878年傅兰雅《格致汇编》第二册《江南制造总局翻译系书事略》:"博物学等书六部,计十四本"。将"natural history"翻译成"博物志""博物学",是在颜惠庆(W. W. Yen, 1877—1950)于1908年出版的《英华大辞典》中。这部辞典是以当时日本著名的《英和辞典》为蓝本编纂的。据日本关西大学沈国威教授的研究,有关植物学的系统知识,实际上在19世纪中叶已经介绍到中国和使用汉字的日本。沈教授特别研究了《植学启原》(宇田川榕庵著,1834)与《植物学》(韦廉臣、李善兰译,1858)中的植物学用语的形成与交流。也就是说,早在"博物学"在中国、日本被使用之前,有关博物学的专科知识已经开始传播了。

三

这套有关博物学的小丛书系由德国柏林的Matthes & Seitz出版社策划出版的。丛书的内容是传统的博物学,大致相当于今天的动物学、植物学、矿物学,涉及有生命和无生命,对我们来说既熟悉又陌生的自然。这些精美的小册子,以图文并茂的方式,不仅讲述有关动植物的自然知识,并且告诉我们那些曾经对世界充满激情的探索活动。这套丛书中每一本的类型都不尽相同，但都会让读者从中得到可信的知识。其中的插图，既有专门的博物学图像，也有艺术作品（铜版画、油画、照片、文学作品的插图）。不论是动物还是植物，书的内容大致可以分为两个部分：前一部分是对这一动物或植物的文化史描述，后一部分是对分布在世界各地的动植物肖像之描述，可谓是丛书中每一种动植物的文化史百科全书。

　　这套丛书是由德国学者编纂，用德语撰写，并且在德国出版的，因此其中运用了很多"德国资源"：作者会讲述相关的德国故事［在讲到猪的时候，会介绍德文俗语"Schwein haben"（字面意思是：有猪；引申义是：幸运），它是新年祝福语，通常印在贺年卡上］；在插图中也会选择德国的艺术作品［如在讲述荨麻的时候，采用了文艺复兴时期德国著名艺术家丢勒（Albrecht Dürer, 1471—1528）的木版画］；除了传统的艺术之外，也有德国摄影家哈特菲尔德（John Heartfield, 1891—1968）的作品《来自沼泽的声音：三千多年的持续近亲繁殖证明了我的种族的优越性！》——艺术家运用超现实主义的蟾蜍照片，来讽刺1935年纳粹颁布的《纽伦堡法案》；等等。除了德国文化经典之外，这套丛书的作者们同样也使用了对于欧洲人来讲极为重要的古埃及和古希腊的例子，例如在有关猪的文化史中就选择了古埃及的壁画以及古希腊陶罐上的猪的形象，来阐述在人类历史上，猪的驯化以及与人类的关系。丛书也涉及东亚的艺术史，举例来讲，在《蟾》一书中，作者就提到了日本的葛饰北斋（1760—1849）创作于1800年左右的浮世绘《北斋漫画》，特别指出其中的"河童"（Kappa）也是从蟾蜍演化而来的。

从装帧上来看，丛书每一本的制作都异常精心：从特种纸彩印，到彩线锁边精装，无不透露着出版人之匠心独运。用这样的一种图书文化来展示的博物学知识，可以给读者带来独特而多样的阅读感受。从审美的角度来看，这套书可谓臻于完善，书中的彩印，几乎可以触摸到其中的纹理。中文版的翻译和制作，同样秉持着这样的一种理念，这在翻译图书的制作方面，可谓用心。

四

自20世纪后半叶以来，中国的教育其实比较缺少博物学的内容，这也在一定程度上造成了几代人与人类的环境以及动物之间的疏离。博物学的知识可以增加我们对于环境以及生物多样性的关注。

我们这一代人所处的时代，决定了我们对动植物的认识，以及与它们的关系。其实一直到今天，如果我们翻开最新版的《现代汉语词典》，在"猪"的词条下，还可以看到一种实用主义的表述："哺乳动物，头大，鼻子和口吻都长，眼睛小，耳朵大，四肢短，身体肥，生长快，适应性强。肉供食用，皮可制革，鬃可制刷子和做其他工业原料。"这是典型的人类中心主义的认知方式。这套丛书的出版，可以修正我们这一代人的动物观，从而让我们看到猪后，不再只是想到"猪的全身都是宝"了。

以前我在做国际汉学研究的时候，知道国际汉学研究者，特别是那些欧美汉学家，他们是作为我们的他者而存在的，因此他们对中国文化的看法就显得格外重要。而动物是我们人类共同的他者，研究人类文化史上的动物观，这不仅仅对某一个民族，而是对全人类都十分重要的。其实人和动植物之间有着更为复杂的关系。从文化史的角度，对动植物进行描述，这就好像是在人和自然之间建起了一座桥梁。

拿动物来讲，它们不仅仅具有与人一样的生物性，同时也是人的一面镜子。动物寓言其实是一种特别重要的具有启示性的文学体裁，常常具有深刻的哲学内涵。古典时期有

《伊索寓言》，近代以来比较著名的作品有《拉封丹寓言》《莱辛寓言》《克雷洛夫寓言》等等。法国哲学家马吉欧里（Robert Maggiori, 1947—　）在他的《哲学家与动物》（*Un animal, un philosophe*）一书中指出："在开始'思考动物'之前，我们其实就和动物（也许除了最具野性的那几种动物之外）有着简单、共同的相处经验，并与它们架构了许许多多不同的关系，从猎食关系到最亲密的伙伴关系。……哲学家只有在他们就动物所发的言论中，才能显现出其动机的'纯粹'。"他进而认为，对于动物行为的研究，可以帮助人类"看到隐藏在人类行径之下以及在他们灵魂深处的一切"。马吉欧里在这本书中，还选取了《庄子的蝴蝶》一则，来说明欧洲以外的哲学家与动物的故事。

五

很遗憾的是，这套丛书的作者，大都对东亚，特别是中国有关动植物丰富的历史了解甚少。其实，中国古代文献包含了极其丰富的有关动植物的内容，对此在德语世界也有很多介绍和研究。19世纪就有德国人对中国博物学知识怀有好奇心，比如，汉学家普拉斯（Johann Heinrich Plath, 1802—

1874）在1869年发表的皇家巴伐利亚科学院论文中，就曾系统地研究了古代中国人的活动，论文的前半部分内容都是关于中国的农业、畜牧业、狩猎和渔业。1935年《通报》上发表了劳费尔（Berthold Laufer, 1874—1934）有关黑麦的遗著，这种作物在中国并不常见。有关古代中国的家畜研究，何可思（Eduard Erkes, 1891—1958）写有一系列的专题论文，涉及马、鸟、犬、猪、蜂。这些论文所依据的材料主要是先秦的经典，同时又补充以考古发现以及后世的民俗材料，从中考察了动物在祭礼和神话中的用途。著名汉学家霍福民（Alfred Hoffmann, 1911—1997）曾编写过一部《中国鸟名词汇表》，对中国古籍中所记载的各种鸟类名称做了科学的分类和翻译。有关中国矿藏的研究，劳费尔的英文名著《钻石》（*Diamond*）依然是这方面最重要的专著。这部著作出版于1915年，此后门琴–黑尔芬（Otto John Maenchen-Helfen, 1894—1969）对有关钻石的情况做了补充，他认为也许在《淮南子》第二章中就已经暗示中国人知道了钻石。

此外，如果具备中国文化史的知识，可以对很多话题进行更加深入的研究。例如中文里所说的"飞蛾扑火"，在德文中用"Schmetterling"更合适，这既是蝴蝶又是飞蛾，同时象征着灵魂。由于贪恋光明，飞蛾以此焚身，而得到转生。这是歌德的《天福的向往》（Selige Sehnsucht）一诗的中心内容。

　　前一段时间，中国国家博物馆希望收藏德国生物学家和鸟类学家卫格德（Max Hugo Weigold，1886—1973）教授的藏品，他们向我征求意见，我给予了积极的反馈。早在1909年，卫格德就成为了德国鸟类学家协会（Deutsche Ornithologen-Gesellschaft）的会员，他被认为是德国自然保护的先驱之一，正是他将自然保护的思想带给了普通的民众。作为动物学家，卫格德单独命名了5个鸟类亚种，与他人合作命名了7个鸟类亚种。另有大约6种鸟类和7种脊椎动物以他的名字命名，举例来讲：分布在吉林市松花江的隆脊异足猛水蚤的拉丁文名字为Canthocamptus weigoldi；分布在四川洪雅瓦屋山的魏氏齿蟾的拉丁文名称为Oreolalax weigoldi；分布于甘肃、四川等地的褐顶雀鹛四川亚种的拉丁文名为Schoeniparus brunnea weigoldi。这些都是卫格德首次发现的，也是中国对世界物种多样性的贡献，在他的日记中有详细的发现过程的记录，弥足珍贵。卫格德1913年来中国进行探险旅行，1914年在映秀（Wassuland，毗邻现卧龙自然保护区）的猎户那里购得"竹熊"（Bambusbären）的皮，成为第一个在中国看到大熊猫的西方博物学家。

卫格德记录了购买大熊猫皮的经过，以及饲养熊猫幼崽失败的过程，上述内容均附有极为珍贵的照片资料。

东亚地区对丰富博物学的内容方面有巨大的贡献。我期待中国的博物学家，能够将东西方博物学的知识融会贯通，写出真正的全球博物学著作。

2021年5月16日

于北京外国语大学全球史研究院

目录

引子

　　人人都认识它，却没人喜欢它。鸦几乎在全球每个角落筑巢，而且几乎总是在人类的附近。走到哪里都可以发现它们的踪迹。无论是在北欧北角黑暗中的清晨、太平洋的新喀里多尼亚岛上森林中的正午，还是北美阿拉斯加荒野中被上帝遗弃的地方，我们都可以随时看到鸦的身影，而且肯定不像人类第一次走上这些角落时那样对它们有陌生感。从发展史上看这并不是奇迹。五六百万年前当人类的祖先 —— 第一批类人猿直立行走离开非洲茂密的原始丛林，在热带灌木草地和草原中寻找新的栖息地时，鸦已经走过这步了。鸦起源于最早生活在热带雨林的"原鸦"（Urkrähe），从地质学上的渐新世到中新世，即在两千八百万年前到七百万年前的时间跨度中，鸦分化成不同种类，并开始在地球上开疆拓土。进化生物学家、鸦的朋友约瑟夫·H.海希豪夫从这种由茂密的原始丛林到开阔地的迁徙中看到了人类和鸦在发展史中的对应移动。这可能是应该值得注意的，因为这是鸦和人类长期复杂关系的条件之一。似乎都可以大而化之地说：通过观察鸦可以看到人类的文化史如何推进。鸦群跟随文化移动的条件是它们可以从中受益。

鸦群跟着维京人是为了在战场的垃圾中饱餐一顿。维京人喜欢鸦群的陪伴，他们将鸦尊为他们的战鸟。维京人的武士，其中也包括占领者威廉，在开始他们的劫掠之行时，扛着一面神圣的鸦旗。而许多北方国家被维京人袭击、被烧杀劫掠的人对这些黑色的鸟有不同的想法。对他们而言，鸦是和维京人的到来以及他们带来的死亡联系在一起的。人们和包括陪伴维京人的渡鸦在内的鸦之间发展出矛盾的关系有双重原因：这种关系是从鸦的适应能力和人类文明发展史中得出的。这也同样适用于这些鸟和死亡的关系。当然鸦吃死去的动物也和死亡有关。作为与生俱来的杰出的观察者，它们很可能预见哪些生物濒死。因为它们有能力看出：当一只牡鹿生病或受伤而偏离在雪中行进的鹿群的轨迹时，通过牡鹿自己行为的可能性就可以计算出，死亡可能会降临在这只一瘸一拐拖着身躯行进的牡鹿身上。由此可见，那些把这些鸟和死亡或不幸联系在一起的神话没有说谎。在第一幅保存下来的鸦图，即在约一万七千年前出现的拉斯科洞穴的壁画上 —— 神秘的鸟人场景中就是如此了：这个场景展现了一

小渡鸦：新荷兰鸦或澳大利亚鸦，约翰·古尔德画，他曾为达尔文提供鸟类学信息。约 1877 年

个平躺的人，长着鸦头，阴茎勃起。他很可能是被欧洲野牛撞翻的。在图的前景中是一只鸟，鸟下面有一条线指向下方。鸦直到今天在无数艺术品中被展现，贯穿艺术史。文森特·凡·高最后的画作中的一幅，1890年的《有乌鸦的麦田》就是属于其中的作品。画中起伏的麦田中有一大群乌鸦飞过。同样地，美国作家马克·戴恩（Mark Dion）的《绞架鸟》（*Galgenvogel*）也是这样的。戴恩这幅1999年为杂志《写艺术的文章》的出版而作的作品，是出于专业的捕猎需要用沥青涂抹一只由人工合成材料制成的乌鸦。猎人也用这种塑料乌鸦来吸引鸟类，然后他们就可以射杀这些鸟。戴恩神奇的《绞架鸟》也借此暗示了新时期试图强制性大规模灭绝乌鸦的行动，尤其是在20世纪的美洲和欧洲，达到了令人悲伤的顶峰，这也影响了我对鸦的第一印象。20世纪六七十年代在下萨克森州的猎户家长大的人，会感受到对鸦的暴力是日常的普遍行为。鸦、喜鹊和橡树松鸦（Eichelhäher）这些属于乌鸦或渡鸦家族的鸟（科学的说法是鸦科），和老鼠一样是追捕人类可食用动物的"劫食动物"[1]（Raubzeug）。而"劫食动物"也

---

[1] 狩猎术语。原义为抢劫人的猎物，自身无利用价值，不能作为猎获物的动物。——译者注

曾纯粹是打猎法规术语中所说的有害动物。"劫食动物"与貂及狐狸那样的"掠食动物"（Raubwild）不同，完全不享有免猎期。去追捕这些"劫食动物"是猎人的职责，无论在何时何地他们想捕获这些动物都可以行动，而他们采用了不人道的方法如群体陷阱，就是所谓"鸦灭"，还有些原始的姿势，包括在幼鸟的养育期从下方射击鸦巢。在美国，人们建议猎人在牡鹿和鹌鹑的免猎期射杀鸦以保持高昂的射击兴致（schießfit）。这种鬼做法至少在它最粗野的发展期被1979年欧洲议会的理智行动结束了。那时议会在欧洲保护鸟类纲领中决定无例外地保护所有鸣禽。这样即使是鸦，只要属于鸣禽，就可以每天受到保护。必须说这是理智的行为，因为传统上在许多发达的西方国家的议会中，猎人们是跨越党派界限的最大的政治团体之一。他们肯定不会计划保护鸦。也就是说他们要么是睡着了要么是在捕食性错觉下已经忘记了鸦是鸣禽。此后最初几年在基社联盟的政治家、热情的业余猎手弗兰茨·约瑟夫·施特劳斯（Franz Josef Strauß)的带领下，猎人们千方百计致力于获得射杀鸦的特殊许可，他们也总是能得到这些许可，不过不再是在免猎期。这些年目睹残忍捕猎鸦的经历首先帮我减轻了做一个决定的难度：当我必须在对鸦的兴趣和狩猎兴趣中选择一种时，我明白哪一边是理智的选项。

　　幸运的是，我第二次深入探索鸦和猎人们不再有什么关系了，20世纪80年代初在西柏林的柏林自由大学学习哲学、生物学期间有了一个显著的改变。在生物学上康拉德·洛伦兹（Konrad Lorenz）的设想、方法和结论在当时被认为已经过时，仅具有历史意义。而在哲学和艺术领域这位世界著名的雁之父又占据了领先的位置。洛伦兹对吉尔·德勒兹(Gilles Deleuze）和费利克斯·加塔利（Félix Guattaris）1980年出版的《千高原》(Tausend Plateaus)做了重要评价，这两位也对此做了批判性的回复。而他们对洛伦兹总是将最终落脚点选在接纳要观察的动物上，完全真正意义上变成动物这种观察方法是毫无保留地同意的。同样毫无保留同意的是1984年维尔纳·比特纳（Werner Büttner）、马丁·基彭贝格尔（Martin Kippenberger）和阿尔贝特·厄伦（Albert Oehlen）在他们的书《工作即真理》(Wahrheit ist Arbeit) —— 一本20世纪80年代有指导意义的艺术著作中详细讲述了洛伦兹和他的格式塔理论（Gestalttheorie）。这些和鸦有关，是因为洛伦兹 —— 这位现代行为研究的奠基人之一，在20世纪二三十年代是从鸦，具体说是寒鸦和渡鸦开始他的科学研究事业的。洛伦兹成功做到了完全融入自由生活的寒鸦群，以至于那些鸟把他当作了它们中的一员。洛伦兹当年所做的观察直至今日依然可以有效地帮我们了解动物，只是不再有助于他继续分析动物行为了。因此人类学家格雷戈里·贝特森（Gregory Bateson）将洛伦兹称为"实践的图腾"。贝特森写道，在上课时观察洛伦兹模仿动物（Lorenz zu beobachten）[1] 意味着发现奥瑞纳（Aurignac）的洞穴人类在画那些活灵活现运动的鹿和猛犸象时做过什么事。也就是说，在洛伦兹的方法论中总有一种前科学和史前的动力，这种动力直到今天仍被科学界推崇。从美国行为研究者贝恩德·海因里希（Bernd Heinrich）的乌鸦研究中可以看到这种尊重。他的研究在1989年以《冬季的渡鸦》（*Ravens in Winter*）为标题在纽约出版。海因里希在他足够符合所有科学要求标准的论文中以乌鸦的神话故事引入正题。他给单独的章节起的标题都是引自埃德加·爱伦·坡（Edgar Allen Poe）的诗歌《乌鸦》（*The Raven*）[2]。

1　这里是说洛伦兹上课也会模仿动物，观察他变成动物就像是学习一种古老的方法来研究动物。他使用一种模仿动物的方法进入它们的世界，从而研究它们的行为。这就像史前的人得自己先变成动物，体会它们的世界以后，才能将动物描摹得出神入化。——译者注

2　直译应为《渡鸦》，但在诗歌领域惯常译作《乌鸦》。——编者注

这里海因里希的论述并不是将神话、艺术和科学认知掺杂在一起，他只是没有故意不提这些而是把它们列出来。海因里希让神话、艺术和科学互相对话并谨慎地对此进行评论，其中自然科学的段落并未因此而贬值或被拖到玄学中去。相反，当他解释说，北方的渡鸦和所有能杀死猛兽的生物相联系，即和北极熊、灰熊、狼、草原狼、虎鲸、剑鲸和人类有关时，这些段落变得更加具体。还有当他提到那些对历史进行加工创造的神话时也增加了文章的可信度。另外就是那些既和自然史又和文化史有关的讲述动物的短篇故事与科学前沿完全无关，只是一些逸闻趣事。

那时作为一个大学生，我对柏林的乌鸦没有研究兴趣。我喜欢鸦，喜欢它们走路、飞行和大喊大叫的样子，也喜欢它们嘶哑的低语。洛伦兹逸闻趣事式的短篇故事对我而言像是一位令人舒服又乐于助人的陪伴者。令人惊奇的是，在柏林这样的城市比在乡村更容易接近鸦，直到今天也是如此。我逐渐明白了：越来越多的鸦迁往城市是为了避免农村猎人的追捕和工业化的农业带来的环境污染。它们充满神秘感，我觉得这部分构成了它们的美感。因为它们几乎以全世界为家，所以它们在任何地方都不是外来客。鸦保持神秘，却并非来自异国他乡，这是非常罕见的现象。

克劳伊茨贝格区的鸦

　　那真像是天空的叫喊。它们仓促的、接二连三的短促高昂的"啊啊"声，在柏林城区克劳伊茨贝格（Kreuzberg），挨着梅特费塞尔街维多利亚公园的幼儿园旁树上的多声部合唱中回荡着。因为天空密布着云，所以无法看到鸟，就有某种可能，这声嘶力竭的叫声是来自云层中迁徙的鸟群，然而这个季节（这是5月的最后一周）和叫声没有"转移"的事实（声音持续回响在幼儿园花园里的树叶间）却不支持这种说法。

　　只有当人靠得如此近、可以从篱笆看到幼儿园的游戏场时，才清楚这叫声的起因和来源。草坪的沙箱边缘上站着一只狐狸，匆忙地朝四处看着，有时它不得不缩着，简直要把自己挤进草丛里。原因是约有十几只冠小嘴乌鸦（*Corvus corone cornix*）时而在树上站着，时而在狐狸上方盘旋，发出短促的叫声，有的鸦的叫声拉长，过渡到"哎啊、哎啊"和"嘎哎啊"。在此期间总是有几只从十几只的圈子里飞出来，开始向狐狸俯冲，从后面飞过来或在短暂的飞行军事演习后在狐狸侧面贴着飞。鸦就趁此时机啄狐狸的背和头。这就是它一直蜷缩进草里，显得有些仓促不安的原因。

很快就知道为什么它成为鸦的仇恨对象：在沙箱里躺着一只刚长出羽毛的幼鸦，狐狸把幼鸦抓住了。在大声叫着啄狐狸的鸦的持续攻击下，狐狸不知何时退回去了，消失在克劳伊茨贝格街那边。它放弃了在沙箱里的死鸟。也就是说鸦使它又放回了它赢得的猎物。

狐狸是除了苍鹰以外鸦的主要天敌。众所周知，这些鸟用响亮的报警叫声和反复的集体攻击来防御它们的敌人。以前必须在大自然中才能看到这种动物打斗的场面，如今人们逐渐在克劳伊茨贝格区中心的家门前就可以看到这种争斗了。人们可以连续三年通过掠食鸟类研究鸦如何对抗它的敌人。

开始时是一对苍鹰。在3月的某个时候这对苍鹰开始在公园柏油马路附近的一棵阔叶树木的树冠区域筑巢。在此期间苍鹰受到四五只，有时是七八只鸦远近不同的猛烈骚扰。首先鸦们飞到周边的树上冲着这些掠食鸟激烈地大叫。之后有时个别的鸦还试图飞到苍鹰巢里，却始终没有成功。尤其那只较大的母鹰总是能让鸦们远离鹰巢。然而苍鹰无法完全阻止鸦，当苍鹰开始巡逻飞行时，两三只鸦尾随苍鹰并试着在空中用啄或爪子攻击它们。

觅食的冠小嘴乌鸦，一只守护安全，另一只在地上用喙拨来拨去地啄食

寒鸦用向前伸的爪子和展示倒竖起的毛发互相攻击：空中格斗首先是用爪子进行的

苍鹰被无规律地攻击：有时这种攻击会中断较长时间，超过五天，而且中断越来越频繁，中断的时间内鸦们似乎不关心苍鹰了。尽管如此，掠食鸟们也不离开它们的巢。它们孵卵甚至超过三周，但明显没有孵出后代，在夏初就从公园里消失了，是否是鸦们抢了它们的蛋还是小鸟就不得而知了。不过苍鹰首次孵卵时不能成活并不少见，这通常是和年轻的夫妇缺少经验有关。但即使总是如此，那对苍鹰却无论如何也不再来了。

在接下来的春天苍鹰的巢被一对秃鹰占领了，这对秃鹰也面临了同样的被攻击的命运。它们在第一年也一样没有孵卵成功，却待下来了。在第二年春天它们在离现在的巢几棵树之外又筑了新巢并第一次把一只幼鸟养大，幼鸟长大离巢后整个城区都认识它了。它整天站在屋顶上叫得很大声，整个区都无法忽视它。这正是当父母停止喂养年轻的秃鹰，它们必须自己觅食时常做的事。

和鸦有关的重要的事是，它们的攻击不一定导致掠食鸟们离开鸦的栖息地。显然秃鹰们成功地护卫了自己，也保护了它们的幼鸟不受鸦的攻击。而公园里的冠小嘴乌鸦却不能声称能在孵卵期和养育期护卫自己不受其他鸦的攻击，这和它们的社会结构有关。鸟类学家认为这种结构"非常复杂"，事实也确实如此。当一群鸦正在对付狐狸或掠食鸟时，行动和功能方面令人感觉如同一个协作优良的团体，而如果在同类的鸦中间观察的话，它们其实是由利益完全对立的鸟组成的。这章开始提到的幼儿园游戏场的十几只鸦是由完全不同的社会关系组成的团队。它们中间有孵卵鸟和非孵卵鸟。正孵卵的冠小嘴乌鸦夫妇以鸟巢为中心界定它们的领地，这对夫妇停留时间最长的巢才是中心。空间上这个鸟巢也可能位于它们负责的领地的边缘。领地或者领土不是一成不变的。它们大小不同，也可能有交集。在耕地里领地大约有十四到五十公顷大，在城市里它们实际上要小得多。在一个只有半公顷地的公园里发现了三对在繁殖的鸟，在某些情况下领地只有鸟巢周围五十米半径那么大。孵卵的夫妇一整年都有领地的归属感，也就是说它们是常住鸟，得保持它们的领地是占着的状态。尽管如此它们也不是单独待在那里。它们和不孵卵的团队或者群体长期保持交换关系。一年中大部分时间孵卵的鸟和不孵卵的鸟共用睡眠的地方，只是到孵卵和抚养幼鸟时才有改变。之后鸟夫妇就睡在巢里或紧挨巢的旁边。但是当如上所述需要赶走狐狸这类敌人时，即使幼鸟还在窝里，两个团队还是会合作。这是令人惊奇的，因为不孵卵的鸦是后代最糟糕的敌人。鸦的孵卵成功率通常是很小的。在所有的，包括部分长年的研究中表明，百分之六十到百分之七十的幼鸦挺不过抚养期就死去了。这种损失的主要起因是到处有不孵卵的鸟类强占鸟巢。不孵卵的鸟在抢幼鸟的战斗中有优势，它们显然也在利用这个优势。它们既不必保卫领地，又不必为幼鸦捉虫。它们可以整天在垃圾堆、开放的停车位或旅游中心，比如，在柏林的亚历山大广场的停留区一边搜寻观察，一边穿梭，并趁机巡逻孵卵的鸦的领地。

　　与此相反，鸦父母们必须像几乎所有的鸣禽一样在最初

一只渡鸦进行跳跃的求偶游戏，它整个头上的羽毛都蓬松地竖起了

的几周给它们的幼鸟喂食昆虫。这是多么艰难，可以在春天或夏初时在每个公园观察到。在草丛里为了能填饱肚子，追逐蝴蝶的鸦很少有夜莺或者乌鸫捕捉昆虫时那么优雅。它们不仅显得笨拙不知所措，还常常非常疲倦紧张。耗时长又艰难是这种捕猎形式的特点。在这段时间内有的幼鸟的巢是没有守护的，会成为不孵卵的鸟的战利品。不孵卵的鸟蜂拥而至，不断给孵卵的鸟夫妇以压力。生物学家称之为一种鸦群延续下去的自我调节方式。自由地来回飞行的鸟群不止有负面的作用，它们还构成了有效的孵卵后备资源。当鸟夫妇中有一只在孵卵期死了，它可以很快被鸟群的储备资源代替。

　　许多情况下，经常在同一年，一对新夫妇会再次孵卵。

通常情况下也有在周围盘旋的鸟群发现新的生活空间并定居下来。但当一对鸟确定新领地时，随着领地的建立也同时吸引来一群鸟作为它们的竞争对手来争夺领地，尤其在春天会聚集较多的鸦，即使是在城市交通喧闹的噪声下也无法忽略它们的声音。领地鸦首先暴露在不孵卵的鸦的大规模攻击下，但它们大多数情况下都可以控制局面。领土也在鸦那里给了拥有者一种行动优势，可以将数量上超过它们的鸟群赶出它们的区域。尽管如此攻击当然还是带来压力的。可能在幼鸟不能飞出巢时，很多就已经死亡，这样人们难免会问，鸦是如何保证它们的种族生存下来的。2000年的数据表明，在像柏林这样的城市有四千一百只到四千九百只领地鸦，冠小嘴乌鸦的数量自从20世纪70年代以来就相对稳定。而稳定是前面描述过的争斗关系的结果，为了能保持数量，一对孵卵的夫妇每年养大两只幼鸦就够了。窝里平均有两只到四只幼鸟

的话，鸦就明显更能"承担"得起失去幼鸟的损失。或者换一种说法，冠小嘴乌鸦的数量是自己调节的。

它们西边的姐妹乌鸦也是如此。专业术语是冠小嘴乌鸦和小嘴乌鸦（*Corvus corone corone*），小嘴乌鸦是德国最常见的鸦种，因此它们奠定了鸦的形象。例外的是穿过石勒苏益格—荷尔斯泰因（Schleswig-Holstein）、西梅克伦堡（Westmecklenburg）和萨克森—安哈尔特（Sachsen-Anhalt）重合的区域，这两种鸟在空间上是分开出现的。在西部是全黑的乌鸦，在东部是灰黑色的冠小嘴乌鸦。因为两个鸟种在它们交接的地方交配，也有杂交的小鸟被养大，它们就被许多动物学家看作一个种类，尸鸦（小嘴乌鸦*Corvus corone*）的亚种，而其他作者把乌鸦和冠小嘴乌鸦看作两种完全不同的物种。因此在文献中关于鸦的种类和数量的信息常常有偏差。两种观察方式都有论据，似乎这只是作者们自己决定的问题：他们该怎样归类两种鸟，是作为同一物种的亚种还是两种不同的物种？但冠小嘴乌鸦和乌鸦确定同类时的叫声是有区别的，这更说明了已经存在的西部和东部鸦群的分裂。这些在本书的肖像部分中简短地介绍了一下。黑色乌鸦的名字也表现了另一种让人不安的疑问：也就是乌鸦（Raben）和鸦（Krähe）的区别。难以区分的原因还在于，这两个词"乌鸦"和"鸦"既是同义词又有差别。如果遵循路德维希·维特根斯坦（Ludwig Wittgenstein）的定义，一个词的含义就是它在语言中如何运用，那么乌鸦和鸦即使再没区别也是有区别的。其实从两种鸟采用科学的方法分类起，它们就已经开始不同了。

鸦的名字

鸦和乌鸦科学上都属于鸦科（Corvidae）。德语可以翻译成乌鸦（Raben）和鸦（Krähen）。系统上两者没有区别。在这种情况下乌鸦和鸦是同义词。英语的鸦科用了比较通俗的名字，简单称为老鸹（crow），还是鸦的意思。鸦科是属于鸟纲（Aves）中的雀形目（Passeriformes），雀形目还包括燕雀（Finken）、莺鹛（Grasmücken）、伯劳（Würger）、天堂鸟（Paradiesvögel）和椋鸟（Stare）。鸦科家族还包括喜鹊、南美蓝乌鸦和松鸦，它们有的色彩斑斓，外表华丽，属于和大多数鸦、乌鸦单调的黑色形象截然不同的品种，按最新鸟类百科全书，即《世界鸟类手册》，包括二十四属（Gattung）一百二十三种（Art）。真正意义上的鸦是鸦属的，属于这属的还有四十三种，其中也有只是特定地方才有的品种：冠小嘴乌鸦、小嘴乌鸦、秃鼻乌鸦以及寒鸦和渡鸦。Corvus 是乌鸦的拉丁语名字，在这科里寒鸦（Corvus monedula）也是相对较小的灰黑色鸟类。寒鸦既可以算作乌鸦又可以算作鸦，两种分类方法应该都不算错，也没什么区别。

尤卡蓝鸦。前面是长着褐嘴的成年鸦，后面是黄嘴的幼鸦

Krähe（鸦）和Rabe（乌鸦）的名字是这种鸟的原名，因为它们是根据声音想象出的，也就是模仿乌鸦的叫声起的名字，并不是从别的词派生出的新词汇。很早的时候也可以找到这些名字，大多是模仿这些鸟"呀"（kräh[1]）和"哇呀"（kra）的叫声。古德语的鸦krawa和中古高地德语的鸦的变化形式kra、kraeje、kreje或者krowe都暗示了鸟的叫声。古斯拉夫语把鸦叫作kraja，英语里鸦的名字crow是从古英语crawe中派生出的。英语中乌鸦的名字raven可以追溯到古北欧语hrafn。hrafn从词源上讲是从史前日耳曼语的khraben派生出的。khraben这个词相当好，是能确切表现渡鸦叫声的象声词。

史前的khraben和古爱尔兰语cru、梵语karavas和拉丁语corvus都有关联。Corvus又是古苏格兰语corbie和法语corbeau的词根。Corbeau既指秃鼻乌鸦又指乌鸦和渡鸦。同样拉丁语Corvus既代表乌鸦又代表渡鸦。这些词翻来覆去可以随意互相指代。不管是科学体系还是日常用法，是不可能有鸦和乌鸦之间完全排除任何意思上的互换或交集的，确

1　这段以及下面一段的外文都是模仿鸦叫声而给鸦起的名字或派生出的鸦名，都是鸦的意思。——译者注

定无疑的语言方面的差别。但在日常用语中乌鸦有时是指特别大的黑鸟，而鸦是那些小点儿的黑鸟。这种判断方法是有意义的，渡鸦也是这么分的。渡鸦（*Corvus corax*）的长度是六十厘米至七十厘米，它是鸦属（*Corvus*）中最大的鸟，也是最大的鸣禽。生态上和地理上它们都有令人惊奇的无限的分布领域。它们出现在北极浮冰上，在冰冻的苔原上，在温带的混交林中，也会在炎热的沙漠和充满匆忙人群的城市里。地理上它们栖息在北至北极圈南至中美洲的山脉，几乎占领了整个北美洲。在欧洲它们出现在从挪威北部到北非马格里布（Maghreb）的广大区域。渡鸦在它们巨大的分布区生活，这片区域最早很可能曾经包括了几乎整个欧洲、亚洲和北美洲，但好景不长，因为它们的成活率普遍低。今天，在北美洲和欧洲的许多地区都没有了它们的踪迹，或者它们已经濒临灭绝，这是数百年来它们被迫害的结果。

渡鸦

在北角[1]（Nordkap）的冬季，早上大多数游客待在扩建到总共四层[2]的休闲娱乐中心 —— 北角大厅里。外面又黑又冷还刮着风。地上结的冰如镜子般光滑。尽管如此还是值得滑到北角海边礁石边缘的地球雕刻那儿。因为那儿有两只充满力量的黑色渡鸦能讲很多故事。那时当汽车清晨到达时，它们非常安静地坐在入口上方的屋顶上。不久它们飞到了礁石区在风中低语。在挪威，人们说它们可以和死者保持联系并且在合适的条件下乐意提供信使服务，在这种情况下只需要提供两片干吐司就能让它们传信。

在挪威北部无树的荒凉之地观察两只乌鸦的行为和挪威神话故事里说的都不是个别情况。伟大的美国生物学家乔治·沙勒（George Schaller）是这么说的："无论你走到哪里，鸦迟早会现身，在所有鸦中我最喜欢渡鸦。你在阿拉斯加，在世界的尽头，没有任何生命迹象的地方 —— 突

1　挪威地名。——译者注

2　这个建筑物地面上只有一层，扩建的另外三层在地下。——译者注

然乌鸦出现了。"第一批去喜马拉雅山的先锋也讲过同样的故事。那时在七千米高寸草不生的地方乌鸦突然来了，仿佛它们想要陪伴登山者一样。想想那深黑色大鸟的样子，在那样的地区和环境下，有和沙勒对乌鸦的爱情宣言不同的其他感觉也是自然的。可以这样设想：乌鸦被认为接近死人并不是个优点。

对北美洲乌鸦而言，在白种的欧洲人落户在这片土地之后，这种非常古老的联系对乌鸦来说成了无法避免的不幸。乌鸦在美国的许多地方，比如，新罕布什尔州（New Hampshire）都发展了和草原狼共生的关系。在夏天，当草木长高的时候，人们看到乌鸦常常在无树区边缘生长的树的高处上站着。乌鸦试图在这个区域搜寻到昆虫或其他类似的活物。草原狼这点上显然会做得更好。如果这位狗的亲戚把下面的动物赶出来，当然也帮助了乌鸦。到了冬天关系就扭转了。在雪地里草原狼很难有进展，它们看不到，所以最重要的是缺乏全面的视角。乌鸦这时就可以指引它们找食物。如果谁知道美国白人是如何把印第安人尊为神明的草原狼转义成无耻的动物的，那他也不用耗费太多想象力就能知道乌鸦的名誉是如何被毁的。人们不必去美洲、北角或者喜马拉雅

短嘴鸦，一只在前面叫，等着鸦群（Schwarm）在冬天的飞行后最终落在集体落脚过夜的树上

地区旅行就能知道乌鸦和关于它的故事。

比如，夏天一大早就可以在柏林特盖尔森林（Tegeler Forst）和格鲁内森林（Grunewald）观察到在那里定居的渡鸦和它们的幼鸟。因为它们不必像猛禽（Greifvögel）那样必须依靠上升的热气流滑翔，而可以在太阳升起时就开始飞行。突然刮起的强风和湍流是它们很乐意用来扩展社交圈的工具。在这些滑翔中，人们可能会把它们和秃鹰（Mäusebussarden）弄混。但当它们开始一个接一个地在空中表演飞行杂技时，就成为独一无二的了。这种杂技和它们拍翅膀的声音一样，是独特的。它们扇动翅膀时，会发出那种穿透树梢的"呜呜呜"的响声。如果保持安静，通常情况下人们在观察它们时，也总是听到幼鸟发出"呼咿呼咿"的声音，让人发现它们在哪里。当幼鸟被孵化出来四十五天后主动离巢时，它们最初只是分散地站在临近的树枝上。它们叫着告诉父母自己的位置，也许想用这叫声表示它们觉得自己足够成熟，可以开始飞行了。这之前最开始的时候，幼鸟总是被父母陪伴着。只有当它们可以稳定飞行、稳定着陆之后，小乌鸦才开始独自在地面寻找食物。但它们肯定仍旧会和老鸟们继续待六个月。小鸟们尽管喜欢叫，却还不知如何"理智"地使用各种叫声来表达自己的需求。这点它们必须向老鸟们学习。当和羽毛有金属光泽的老鸟相比，羽毛朴素暗淡的小鸟离开家时，它们已经学会在柏林小心防范游隼（Wanderfalke）了，对猎人它们还没有经验。这可能让勃兰登堡的乌鸦很快就遭遇不幸。除此之外，如果在柏林的这些鸟从濒临灭绝中恢复过来，人们就迫不及待地想再次迫害它们。

对鸦的猎杀迫害不限于勃兰登堡和美国。只要它们出现，就被安上侵害人们喜爱的可食用动物的罪名：不论是它们真的偶尔在欧洲猎食小野兔，还是子虚乌有地攻击或杀死农场里的鸭子。

对这些总是有什么地方说对了的偏见，人们只能表示同感。在动物园观察渡鸦也可以引发偏见。最终确实不是每个人都能像乔治·沙勒或行为学家康拉德·洛伦兹那样有机会和亲手养大的鸦一起生活，并学会欣赏它们的社交才智和实践智慧。

在动物园开始关注乌鸦也有优点，可以成为参与乌鸦游戏的观察者。乌鸦不忽视任何事，有时注意力会转向来访者。在以下的邂逅故事中就是如此。

柏林动物园的渡鸦的步态只能称为是适度的。带着有力的粗棱角的喙、强烈向前弯曲的脊背，渡鸦走向它笼子的格栅，短暂地抬起头来；抖动一下，仿佛要把毛上的虱子抖掉赶走；用喙抓住一个小石子掷向来访者；头歪向一边，似乎想要仔细分析这一掷的效果如何。当没发生什么事时，它就鼓起头上和脖子上的毛，快速压低身体移到另一边，走向它的同伴。而那一位在整个时间段内都无所事事。让脑袋上的毛竖起以留给对方强烈印象，这可能是求偶仪式中的一部分，之后是舞蹈。舞蹈期间雄性会首先只用一只翅膀像扇子一样张开，围着雌鸟转，之后两只翅膀都张开，动作更加迅速，直到雌鸟向它靠近，同意配对，两只鸟就并排跑开。渡鸦的求偶仪式并没有严格的编排，也并不是总能和它们最喜欢做的游戏区分开来。如果它们找不到任何鸟在空中一起玩追逐的游戏，它们就使用不同的东西。丢石头是它们最喜欢做的，也不总是无害的。在山区，它们往往会引发小型的滚石。然后它们要么跳到巨石后面，保持安全距离，要么就只看着就觉得高兴。在垃圾场上，它们会几个小时都忙着折腾亮闪闪的东西：乌鸦把它们扔到空中又自己接住。这种活动通常有助于减少它们吃东西遇到的困难。在加拿大，可以肯定有一只乌鸦在什么时候注意到，车在红灯时会停下来。这之后整个族群都在红灯时抓住机会，把坚果撒在街上，然后当车开

渡鸦

过来离开后，它们就吃碾掉皮的果仁。这种能力是如何传给别的或下一代鸟尚无法解释。然而，若干证据表明这不仅仅是通过模仿发生的。

在渡鸦的生活中无论如何都有机会交换意见。成对的渡鸦会划定自己的领地、驱逐其他鸟远离鸦巢，但这些鸟一起构成睡眠共同体。在晴朗的日子里，它们总是在下午早些时候就聚集在睡眠区。在那里它们总是玩一个貌似无用的游戏，渡鸦是唯一能倒着飞的乌鸦。飞行游戏时，它们在所有的方向转弯、抓别的鸟的脚、疯狂地上下互相追逐。对年轻的鸟来说，睡眠区是找伴侣的地方，它们也更有可能在这里进行某种信息交流。因为渡鸦首先会飞向单独的更丰盛的食物源。在一只乌鸦发现食物以后，第二天出现一队乌鸦就说明了食物地点的"消息传递"是可能的。食品来源的消息传递并非不利己。年轻点的鸦通过对视传递它们看到腐肉的消息，从而不再成为"年纪大的"鸟抖起头上的羽毛斥责的对象。有经验的丧偶雌性也会因此更喜欢选它们成为配偶的继任者。

与此同时，动物园里那只雌鸟开始用嘴轻挠扔石头的渡鸦的头。渡鸦则轻柔地发出"咯噜呜噜咯呖"的叫声乞求着更多服务，献媚似的在雌鸟耳边低唱，以表达对它的感谢。

秃鼻乌鸦

在从机场到市区的路上，伊格尔·亚历山德罗维奇（Igor Alexandrowitsch）陷入疑虑。他用德语说，农业近十年来"荒芜"了，这对格拉齐（Gratschi）来说不是什么好事。格拉齐是秃鼻乌鸦的俄语名字。在圣彼得堡、莫斯科和沃洛格达(Wologda)三角的俄罗斯平原上居住的秃鼻乌鸦是典型的候鸟，每年有上万只在柏林过冬。它们傍晚从城市的各个城区集结起来，在它们到睡眠的树上栖息之前尤其喜欢成群结队地聚在动物花园（Tiergarten）、主火车站和亚历山大广场。它们每年都会飞到像柏林这样适宜过冬的城市，同时它们也坚持保留自己的繁殖地。如果在那里不被打扰的话，它们会超过几十年都在同一颗树上孵卵。

丹格雷特勒（D'Angleterre）宾馆位置便利：紧靠着阿斯托利亚（Astoria）酒店。现在是这个酒店的一部分了，离海军部的花园只有几步远。在20世纪50年代那里就巢居着秃鼻乌鸦。

通往公园的路经过伊萨基辅大教堂（Isaakka the-drale）。

这是傍晚时分失聪的年轻人的聚会场所。他们路过两辆在十字路口撞到一起而无法前行的梅赛德斯豪华轿车时，被它们逗乐了。晚上的微风拂过，温和的空气把半个圣彼得堡的人都带到了街上。他们抽着烟，手里拿着半升的啤酒瓶，成群结队或一对一对地在树下游荡。在彼得大帝的骑士纪念碑前，年轻的水手们穿着制服在踢球。在海军部旁的啤酒屋里，麦当娜的歌、滑板车的曲子（Scooter）和瑞典电子音乐（Techno）[1]灌入行人的耳朵。突然间，一切都被雷鸣般的撞击声掩盖了。拉多加湖（Ladogasee）的冰块碎裂的声音传过来。冰块顺着涅瓦河（die Newa）流下来，砸在桥墩处裂开。天色越来越晚，却不是越来越暗。几秒钟之前还直立行走的人干脆倒下，躺在草丛中。这似乎是平常的，因为没有人在乎这个。如果有朋友在的话，他们就坐在一边继续喝酒。这是"白夜"的开始。高潮时涅瓦河岸边二十四小时都是人。"白"说的是天空的颜色，但不确切，非常浅的灰色、蓝色的底色中间带着无法言说的发亮的条纹，这样描述更贴切。

只是在这种天光下完全不能忽视的是，没有一只秃鼻乌

---

[1] 德国的 Techno 组合，Techno 是用电脑合成器合成产生的各种音效组合起来的一种音乐，节奏较快。——译者注

鸦停在这里。酒店接待处友好的女士被问起她今年是否看到过乌鸦时，看起来有点诧异，直到她听到"格拉齐"这个词时才不一样了。"啊，格拉齐呀，"她几乎唱起来，她的最后一个词拖长的声音听起来像意大利语，"是的，您应该立即说这个才对！"但看起来，她今年也没看到过，格拉齐们在数年前就离开这座城市了。这些鸟在这座城市是受到尊重的，因为第一批回来的候鸟是漫长、灰暗、冷得可怕的冬季结束的信号。但还得详细追问是哪种鸦，因为常见的黑灰色冠小嘴乌鸦没人感兴趣，有的冠小嘴乌鸦冬天也待在这个城市。

第二天早上有些让人激动生气的事发生了。前台打电话来，有个男人在那里等着。保安人员不让伊格尔·亚历山德罗维奇进入酒店。他酸溜溜地说，一个普通的俄罗斯人也许永远不能轻易进入阿斯托利亚酒店。布尔什维克们在革命后立刻重新整修了阿斯托利亚酒店，把它变成了面向党的高层领导，有"服务员同志"进行客房服务的舒适住所。但那时保护格里什卡·季诺维也夫（Grischka Sinowjew）和列昂·托洛茨基（Leo Trotzki）免受公众伤害的警卫穿的黑色皮夹克现在换成了修身的灰色西装。

伊格尔·亚历山德罗维奇的房车里有冰箱并塞满瓶装牛

奶和瓶装水。这是必要的。在像爱尔兰一样大的列宁格勒州，人们永远不知道会发生什么。

我们从城里向西，朝塔林（Tallin）方向开。但并没有沿着河岸，而是过了村庄。在克拉西诺耶村（Krasnoje Selo）前有一只鸦在旁边的波纹铁皮的简易小屋上站着。当它飞走时，一切都清楚了：那里飞着的是第一只秃鼻乌鸦。它的翅膀扇得比其他鸦速度更快，而那明亮的鸟喙基部在飞行时可以清楚地识别。但它要消失在什么地方？克拉西诺耶村的砖瓦房在中午的阳光下闪着橙红色的光。赶马和赶鹅的人犹豫着能否顺利通过。在这个地方的出口，白杨树林中的街道左边悬着第一批鸟巢。一棵树上枝丫中挨得最紧密的空间里有五个巢。总共三十三对秃鼻乌鸦在红村的拉达车[1]（Inter-Lada）代售处前孵卵。尽管它们肯定是习惯人们在周围的，但当我们从下方靠近时，它们还是从巢穴中向高处飞，慌乱地叫着。巢穴下它们吐出的未消化的食物块里除了很小的骨头还有小橡胶碎片。出于某种理由，秃鼻乌鸦总是吃橡胶。它们住在同时也是垃圾场的拉达车代售处前面，生活得很好。尽管如

---

[1] 俄罗斯生产的一种车型。——译者注

秃鼻乌鸦，嘴前面是长出去的没有毛的明亮的喙基部，嘴后面是长长的有毛的黑色的喙

此，我们还得继续寻找。整年互相陪伴的鸦们虽然至少有二十个鸟巢，但这是最低限额，它们的殖民地从这里才开始。因为鸦巢数目较少，会不太稳定。

在克拉西诺耶村之后五公里，有第一批撒种的迹象，似乎这个是鸦在这里筑巢的条件。四个穿皮靴短裤的男人用铁锹挖着一个足球场那么大的耕地，这是大约20世纪70年代以来允许私人耕种的面积。耕地就在街边流淌的小溪的岸边，鸦和海鸥在喝水。麦鸡（Kiebitze）在空中叫着，看护着它们的雏鸟。左边，在草地中间有广阔的田地被木犁耕耘着，两位男孩拉着木犁，一位老人掌握方向。经过另一个有鸦群的小桦树林，突然左右两侧出现了小鱼塘。这些鱼塘紧靠着一片橡树林，这是秃鼻乌鸦的最佳栖息地。潮湿的草坪、容易流动的水、视野广阔的平原和许多枝干强大的有分叉的树枝。在橡树林中生活的鸟群有两百多个巢，在它们上方总有一些鸟在盘旋，另一些鸟飞进飞出。总是有至少一只停在鸟巢上，更像是常住鸟的代表。鸟巢比在克拉西诺耶村的要更宽更厚。鸟的声音更响更像交响乐。乌鸦在3月份回来时，做的第一件事是找到它们的老巢，修缮旧巢穴。为此急需的枝条它们要么自己去折，要么从其他窝里偷。如果一个筑巢者不小心，它可能要把它的巢重建四次。鸟群永久的交流方式也包括了它们总是在争吃的、争筑巢材料、争生活伴侣。但是在不直接攻击的情况下，大多数只是利用对方不注意的空当去争取。它们数量越多，关系就越稳定。因为那些鸟叫声大，我们也必须在橡树下加大音量讨论下一步的路线。

"您继续朝彼得宫（Peterhof）开。"洪堡大学的俄国专家说。伊格尔·亚历山德罗维奇骄傲地对着每个喷泉讲述彼得宫的起源。在这里德国人初次加入历史游戏。他们1941年到1944年曾占领了彼得霍夫城堡以及彼得堡周围的其他两个城

堡 —— 加特契纳（Gatchina）和沙斯寇耶（Zarskoje）城堡，并毁坏了公园。他们当时是否驱赶了鸦，人们并不知道。

　　无论如何彼得宫不再有鸦了。由此也可以反驳一个武断的观点，就是乌鸦偏爱闪亮的贵重金属。彼得宫的雕塑上有那么多闪耀的黄金，它们肯定不会错过。

　　开往基辅的高速公路上有一个警察检查组拦住了我们。一位脾气不好的严肃的警察透过窗户发号施令。伊格尔·亚历山德罗维奇递出证件。检查后，他一声不响地把证件还回来，脾气更不好了，让我们继续开。因为这个证件他们永远不会对他有好感，伊格尔·亚历山德罗维奇笑着说。证件证明，他，一年前从铁路学院退休的老师，是二战时封锁区的人（Blockadnik），是在德国军队围困列宁格勒、所有粮食无法输送的残酷条件下度过九百天的幸存者。他说，从那之后他就知道腐朽的木头煮成的糊状物是什么味道，还有普希金的书也可以吃。那个年代出来的老资格的名声到现在都让那些时不时（nicht selten）从他们缴纳的罚金中获取生活费的警察望而生畏，避免和他们见面。尽管如此，晚上伊格尔·亚历山德罗维奇在车里还是很紧张。吃过饭 —— 干鱼、面包、生洋葱、黄油和啤酒 —— 之后，他制订了当晚的守夜计划。

第二天早上 —— 两人都睡了一整夜 —— 伊格尔·亚历山德罗维奇讲了李森科（Lyssenko）的事。伟大的生物学家、农学家特罗菲姆·李森科（Trofim Lyssenko）曾经在学校对伊格尔·亚历山德罗维奇承诺，在几年内他肯定可以在这里收获菠萝[1]。从此以后他就学不好生物学了。为此他在额头和胸部心有余悸地比画了十字。阿门！我们必须继续出发。

挤满车的所谓高速公路比浓咖啡都提神。迎面驶来的车不规则地向一边漂移，在不减速的情况下，用一侧轮胎穿过倾斜的沟渠 —— 卡车和轿车一样 —— 然后又平衡回到一条直线上。如果有人愚蠢到要转弯，就会被吓到。在路的中间，裂开了一个墓穴一样大的洞。谁在这里开车，头脑里必须和乌鸦一样有一张地图。在街道两边直立的四排杨树之间，既没有树，也没有灌木。右边，轮胎有三米高的超现代的拖拉机拖出犁沟，左边有神秘的机器在除草。这块平地只是偶然被几棵苹果树隔断。突然街对面有几个黑点来回晃动。云变幻着形状一下转向一边，一下又向上、向下、向另一边移动。肯定有好几千只鸦在这里生活。它们的巢在道路

---

1 这里是很寒冷的地区，而菠萝是在温暖的热带地区生长的水果。——译者注

两旁，像很多斑点一样散布在树上。当它们飞起来时，鸟群黑压压地遮盖了街道。由一千多个巢穴的鸟组成的群体，也就是说按照这个规模，它们可以在各个方面相对完美地行动。它们可以和鸟巢附近的邻居构成亚群，这样就让它们的社会关系有更多层次，比如，分散的队伍、显著聚在一起的队伍或者临时组队。尽管秃鼻乌鸦吃一切可以吃的东西，但这个群体的出现显然还是和集体农庄的农耕活动有联系。因为到现在为止没人给出这些鸟是否被驱赶的回答，我们想在下个地方问清楚这个问题。那里离这儿有三公里，叫作尼考尔斯考耶（Nikolskoje）。不，它们没有被驱赶。回答的意思是这里没有猎人，集体农庄可以让它们平静生活。除此之外，这也是这个地区唯一的鸟群。因为伊格尔·亚历山德罗维奇的不断催促，我们就继续前进了。他无论如何都要去亚舍拉（Yashera）。这是一个小镇，两天前，世界最北边的鹳（Störche）到达那里，在那边繁殖。

路上的山丘越来越多，升起的雾气说明沼泽快到了。在两座山脚下的一座桥上，他停住了。他已经忘了，这里是纳博科夫家的房子，我们肯定要看看。桥下是奥雷德什河（die Oredesh），这地方叫罗什德斯特维诺（Roshdestweno）。我们面前就是那所房子，它平地而起，外面都是脚手架。单凭这所房子，不必因为革命或者洛丽塔，弗拉基米尔·纳博科夫（Vladimir Nabokov）就可以发财。房子对面，在椴树之前耸立着两个深蓝色的教堂塔楼。旁边是他母亲家族的墓地。某种程度上，那"通往村庄的尘土飞扬的街道"和"长满青苔的、歪歪扭扭排列着的倾斜的茅屋"还残存在纳博科夫的记忆中。天色如此黑暗，人都已经无法看到脚下的地面了。继续往前是不可能了，而且鸦明显避开了尼考尔斯考耶南边的沼泽。就这样，纳博科夫阻止了我们到鹳喜欢的沼泽那里远足。[1]但每年在柏林倒可以再见到尼考尔斯考耶的鸦。

---

1 这里是指他们游览纳博科夫家的房子之后，天色渐暗，就无法再去远处的沼泽了。——译者注

喜鹊

领导器重的女编辑从她的纯平显示器后面的座位上起身，向旁边挪了一步，一字一顿地说："对喜鹊我没什么好说的，甚至也不必听您讲。在我的院子里我已经看到了它们的所作所为！"说出最后这句话时，她点头强调着这些话的分量，把由观察获得的因果联系变成不可辩驳的"法律"。

她所看到的许多人都观察到了，甚至还有更糟的。喜鹊们有时为了填饱肚子会在春天偷走较小的鸟 —— 尤其是乌鸫（Amseln）—— 的蛋或者孵化出来的没长毛的雏鸟并吃掉它们。认为喜鹊是邪恶的鸟，通过掠食别的鸟的巢威胁到其他鸟类的繁衍生存是广泛流传的陈词滥调。对喜鹊的讨论也许比吸毒者对毒品或记者们对所谓经济危机有更多的胡说八道。

大量的偏见让人神经过敏。这么说是因为我几天后眼睁睁看着一个狗主人如何赶着他的狗进灌木丛去驱逐一只刚开始飞还毫无经验的喜鹊。我告诫他，首先，这是被禁止的，其次，这是恶毒的行为。他却带着他的狗咆哮道，这些讨厌的鸟不管怎样都是有害的。所幸狗是蠢的而喜鹊是狡猾的。

1776 年一位英国画家看到的梳理羽毛的喜鹊

　　喜鹊是聪慧的，不仅有观察才能，技术上也灵活。这一点它们的人类敌人也承认，比如，它们能够掀起屋檐上的瓦片，在底下储藏已经分成一份一份的食物，需要时再取出来。这种黑白相间，长着闪亮的，有金属光芒的黑蓝色长尾巴的鸟从未被珍视过，而是与此相反，常被人类当作有害鸟类猎杀。它们在20世纪德国的生存史以引人注目的方式反映了这个国家的政治文化。

　　1900年到1920年，那些之前在乡下到处可见的鸟因为被大规模迫害驱逐，数量减少到大部分鸟类学家都估算到它们会绝种。到20世纪20年代末喜鹊的数量又逐渐有所回升，它们回到了以前离开的区域。第二次世界大战以后到1950年，在没有武器的年代，它们又达到了19世纪人们所熟知的群居数量。但大约1950年以后，随着农业越来越深入发展，它们又开始被猎杀，从此它们就陷入了沉重的生存压力中。尽管如此，它们还是能稳定保持自己的数量，原因是它们发现可以把城市作为生存空间。

　　到今天为止，它们在农村的数量越来越少，在城市却越来越多。

　　这对喜鹊来说是有好处的，因为它们不会被猎人追到城里去。尽管如此，对它们恶行的夸张评价也如影随形。这是非常荒谬的，因为事实上，科学地看，喜鹊数量增多和那些较小的，据说较稀有的、被威胁的鸣禽数量减少有不可辩驳的联系。尤其喜鹊经常待在乌鸫、苍头燕雀（Buchfinken）、金翅雀（Grünlinge）、山雀（Meisen）、鹪鹩（Zaunkönige）或者夜莺数目众多的地方。确实也不太容易理解的是，为什么在有些地区喜鹊确实吃掉大部分第一批出生的乌鸫幼鸟，这个事实并不能证明喜鹊威胁到乌鸫种群的生存。为了弄清这个事实，必须仔细观察吃和被吃这场争执的戏码。

在城市里乌鸫一年最多孵三次小鸟。显然它们可以"承受"第一窝的损失。可以从喜鹊的饮食习惯找到它们明显更少攻击，或根本不攻击第二窝的原因。对喜鹊的胃、粪便和唾液的分析 —— 不管是在曼彻斯特（Manchester）、波兹南（Poznan）或者爱尔福特（Erfurt）—— 到处都有类似的结果。它们主要是以种子、果实、昆虫和它们的蛹、蚯蚓、植物的幼芽和从鱼鳞到鸡骨头的各种生活垃圾为食。小鸟，或者蛋的残余在所有研究里大约占食物的百分之三。

人们为喜鹊食物中微不足道的幼鸟分量而大动干戈可能和它们的持续出现、它们的大小和颜色有关。喜鹊是留鸟，它们整年都待在自己的生活区域，喜欢停在没有遮蔽的地方，把它们的巢建在显眼的树木高处、充满阳光的地方。当它们给巢（这并不是所有的鸟都会做的）装顶棚时，球状的巢很明显会被看到。而且它们很少安静，它们的"嘎嘎"叫和"喳喳"声可以从秋天一直响到早春。那时它们在城里聚集到四百只，来扩大它们的尖叫音乐会的声势。其中有旋律的地方相当少。

除此之外，它们喜欢玩弄像塑料袋或者巧克力的铝箔纸那样闪光的物件，这让它们得了个小偷的名声，但它们不是偷这些闪亮的东西，这可以从它们不隐藏这些玩意儿看出来。它们把植物鳞茎、奶酪或者橡子储存到别人找不到的地方，而塑料袋或者铜丝则被放在紧靠着鸟巢的边上或上面，完全是每个人都能看到的地方。

然而它们是从哪里得到这个不好的名声的还是个疑问。可能自然界的优胜劣汰原则（die Ökonomisierung der Natur）在这里是起点作用的。这不是19世纪才开始的，生活在16、17世纪的弗兰西斯·培根（Francis Bacon）就已经这么说了。这种观点认为只有那些强壮又结果，一年年越来越茂盛，还非常健康的树是必须浇灌的。那些没有开出美丽花朵的灌木则应该被当作杂草拔掉。其他文化也证明了这一点。在蒙古，喜鹊几乎可以说是神圣的鸟，在每个蒙古包上都有一对。它们的行程会被追踪。

或者像在孟买 —— 一座乌鸦数量空前的城市，那里每个人都了解鸦，还会讲鸦的故事。那些年纪大、虚弱的鸟甚至会在养老院里被照顾。而到了喜鹊这里却完全走了样，仿佛因为它们没有用，所以也不值得拥有其他鸦那样的待遇。喜鹊们却是无所谓的，在城里它们很安全。在城里，人们可以比在乡下更好地观察到它们在和其他乌鸦的交往中数量的增减。在柏林，自从喜鹊在四十年前从周边的地区迁到内城以后，部分地区的喜鹊出现了快速的种群发展。在人口稠密的普伦茨劳山地区（Prenzlauer Berg），喜鹊的数量从1969年每平方千米一对，增长到1997年每平方千米有十五对繁殖的鸟。鸟类学家认为，这种增长仅仅是因为城市喜鹊的繁殖能力强，而不是因为从周边地区迁移进来大量的喜鹊。

但在城里，天空中的喜鹊数量并没有增加。对它们的扩张起到限制作用的是冠小嘴乌鸦和苍鹰。喜鹊和冠小嘴乌鸦活在一种竞争关系中。它们避免进入鸦的领地，如果必须去，它们也只是待在那些地方的边缘。已经建立起来的鸦的居住

喜鹊雌鸟在雄鸟面前立起来，用翅膀颤动着发出高昂的有点像哭泣的乞食声

区它们很少能占领。它们要避免和鸦直接起冲突，于是在柏林，为了避免和鸦接触，喜鹊会在城内迁居。城市的空间还是显得足够大的，所以尽管迁居也对喜鹊的存活没有负面影响。同时和苍鹰的关系也是如此。迄今为止，在苍鹰巢周围，并未造成喜鹊数量的持续减少。

工具和镜子

人们把贝蒂（Betty）和阿贝尔（Abel）喜欢吃的猪心放在一个玻璃的圆柱形罩子里。罩子的颈很长，两只鸟用喙都够不到盛着食物的罩子的底部。这种实验可能第一眼看上去貌似恶毒，但来自阿根廷的在牛津大学任教的行为生态学家亚历克斯·卡采尔尼克（Alex Kacelnik）和他手下的研究人员却并没那么坏，他们除了放这些吃的还往实验室里放了两根铁丝，一根是直的，另一根弯成钩子状。

阿贝尔立刻抓住了钩子，用它把放着肉的小碗从玻璃瓶里取出来独自享用了。它没有分享意识。对贝蒂来说却只是个小问题。它拿了那根直的铁丝，用喙和爪子仔细检查，然后把一端弯成了钩子。用这个工具它也取到了自己的食物。因为它在这个实验中更具创造力，到今天它的解决方案在全世界的行为研究者和心理学家那里都声名远扬。

2002年，它在玻璃圆柱体前使用弯钩子的照片首次在世界上公开以后扬名全球，这是当时最新关于新喀鸦（der krähen aus neukaledonien）技能的新闻插图。

牛津实验计划之下的这些成果是首次以系列图像来记录在动物王国中除灵长目动物以外的动物自发使用工具的证据。至今为止，人们只能从猿或者半猿那里发现的能力无疑鸟类也是具备的。贝蒂的行为是自发的，是从那些实验条件中得出的结论。贝蒂和阿贝尔是人类养大的，之前从未接触过铁丝。而这种动物是精心挑选的，众所周知，鸦喜欢玩金属类的物件。欧洲的鸦和喜鹊也用金属线和金属箔做窝。新喀鸦天生适合这种实验，不过是用另一种方式来做。因为经证明它们也会从自然环境中制造工具。这些鸦只出现在新喀里多尼亚岛和附近南海的洛亚蒂群岛上。当它们在厚厚的苔藓下的树干上或者腐朽的木头里发现昆虫的蛹时，一开始并不直接啄树干直到自己的喙已经伸进蛹里去，而是在周围找合适的树枝，折下并去掉叶子，直到树枝像一个尖刺，就可以用它把蛹从树干里挑出来。在相对容易调查的新喀里多尼亚岛上，现在可以发现鸦的这些技能会传给后代，形成名符其实的传统。而在那以前，使用工具被认为是灵长目动物的专有技能。

卡采尔尼克的工作小组则在实验室的系列实验中证明，鸦不仅制造和使用工具，它们也按照顺序使用不同的工具。

叼着榛子的北美星鸦

　　在这个实验里，鸦只能用特殊的工具才能把食物从洞里钩出来。而为了得到这两个工具，鸦们不得不先使用其他两个工具。在牛津，对七只鸟进行了测试，其中几只立刻就完成了任务。这使人假设它们是在采取实践行动之前就深思熟虑，在头脑中思考了整个过程才开始行动。动物中没有事先试错的经验就对实践过程思虑周全的首先是猩猩。人们还从未看到过它们在门和栅栏那里练习过，它们就已经是动物园里的越狱专家了。

　　以人类为核心的系统发生学主张一种等级式种群发展路线：从简单到高度发达的哺乳动物。新喀鸦的科学实验结果所表明的早就不是唯一撼动这一路线的科学观点了。

　　以法兰克福歌德大学的心理学家赫尔穆特·普里奥尔（Helmut Prior）为中心的工作小组也证实了喜鹊在镜子中能认出自己。在此之前，这本是大象、黑猩猩、海豚和人类儿童们的特长，现在也必须归类到离人类种族非常远的鸟类的能力里。

　　内部组织和哺乳动物完全不同的鸟类大脑并没有大脑皮质、新皮质以组织对外界的感知信息并融合它们达到认知。它们却具备类似哺乳动物大脑那样的认知能力。这可以当作一种对那些种族历史性进化观点的否定。但众所周知，鸟类大脑完全没有像人类那样的记忆能力，这个观点如今似乎也值得质疑。

比如，北美星鸦（*Nucifraga columbiana*）在秋天为了提前储备，藏了三万个种子到六千个不同的地方。它们在冬天不仅重新找到这些种子，而且它们也知道埋起来的种子是什么种类。因此它们能在每种种子发芽以前及时地把它们挖出来。这是一种为了不失去食物必须练习的能力。北美星鸦也在春天和夏天隐藏各种可能的小物件，比如石头，然后又把它们从藏的地方扔出去。

黑色

前面已经多次提到了乌鸦因为是黑色的被猜测和死人有关，这不总是它们的优势。但事实上对于鸦和乌鸦，黑色也可以是以往成功的原因。人类似乎在最糟糕的饥荒时代也只是在例外的情况下不情愿地吃这种大黑鸟。虽然这不能阻止人迫害、射杀鸦和乌鸦，但却可以让它们在任何时间、任何文化避免成为人的食物。这点对于常在人类周围生活的鸦是有利的。动物的外形不符合人类的审美条件也可以保护它们不被人类侵害。乌鸦的分布历史和对它们近亲的观察都说明了这一点。

鸦和天堂鸟有很近的亲属关系。鸦的起源和天堂鸟一样，都在新几内亚及其附近数量众多的小岛，但过去天堂鸟只待在新几内亚地区，而乌鸦今天几乎在全世界生活。天堂鸟的名字是欧洲人根据它们绚丽的羽毛起的，今天它们已经濒临灭绝。这当然也和人类对鸟的迫害有关，但还有另外的原因。天堂鸟依赖新几内亚的特殊生活空间活着。在城市，它们很可能不能幸存。周围环境破坏了，它们就无法生存。相反新喀鸦作为最初的森林居民对新喀里多尼亚的城市化的适应问题就较少。它

蜷缩在约翰（John）或伊丽莎白·古尔德（Elizabeth Gould）画里的渡鸦

们移居城市后，甚至连寻找食物的习惯也适应了人类的节奏。

　　适应新环境最著名的例子是东京的鸦。在东南亚广泛分布的大嘴乌鸦（*Corvus macrorhynchos*）在所有的条件都让它们生活艰难的建筑物密集、人口众多的东京成功建立了它们的生活空间。于是市政府要求东京的居民在集中运走垃圾前立即把垃圾袋放在街上。这样本该可以阻止鸦把垃圾袋啄开，并在里面找可以吃的垃圾，就像它们曾在法规制定前做的那样。这些身长五十厘米又长着引人注目的厚厚的喙的丛林鸦尤其适合在封闭的垃圾袋里寻找食物。然而注重卫生的东京人用垃圾条例杜绝了鸦从垃圾里找食物的可能。那之后它们学会用其他方式来利用城市空间。它们是第一批因为一则新闻而世界闻名的鸦：新闻是关于它们如何学会在交通灯前让汽车轮胎碾开它们的坚果。这是一种在加拿大和慕尼黑的鸦和乌鸦也具备的技能。但东京鸦的发明丰富多样，其他的鸦还完全不能达到它们的水平。尽管市政府颁布了垃圾条例，城市也基本保持干净，还是不能把鸦赶出城市，之后人们就用水喷到树上、破坏鸦巢来保持城市清洁。这个步骤让鸦开始用金属衣架来加固它们的巢。它们直接到阳台上或后院里、花园里的晾衣绳上偷来衣架。它们的巢因此非常坚固，政府

两只长着厚厚的喙的大嘴乌
鸦用衣架加固它们的窝

也无计可施，不知何时停止了高压喷水，今天也只是偶然试
图继续破坏那些巢。尽管有这些打击它们的措施，东京鸦还
是有时间单纯地找乐子。在我给《法兰克福汇报》写过一篇关
于鸦的能力的文章之后，有位东京的读者写信回应我。信中
他讲到了鸦自娱自乐的事。在东京，鸦把小石头放在城铁的
铁轨上。它们等到火车来了，就歪着脑袋，显然它们很开心
听到火车碾到石头时发出的"咔嗒"声。

　　古老的鸣禽规则是彩色的鸟叫得没有色彩单一的鸟好
听。显然这规则在鸦这里不是休现在它们唱歌的质量上，而
是体现在社会行为上。虽然许多鸦常常一辈子忠于一个伴侣，
在巢附近也划分自己的界线，但所有的鸦总是组成几队或拥
有自己的小群体。这些群体是给它们提供食物和寻找配偶的
信息交易所。

从亚洲到阿拉斯加

　　鸦的神话并不遵循一种发展完善的宗教性宇宙观。鸦的故事通常都是没有结尾的，它们像在喜马拉雅或者阿拉斯加雪地里的乌鸦那样短暂地出现一下，并没有形成完整的大型叙事结构。这些故事很有可能是当时对鸦的崇拜祭礼（Kult）或过去的神话残留下来的，神话的中心可能在中亚的北部。除了其他的文学研究者，波利亚·萨克斯（Boria Sax）也说，这些神话创始于亚洲，经过加拿大和格陵兰（Grönland）流传到了因纽特人那里。凯尔特和北欧国家的部族也被影响了，这些神话在希伯来人那里只留下轻微痕迹。

　　白令海峡（Beringstraße）是神话流传经过的地区之一。人类学家指出，西伯利亚的萨满和北美洲原住民的信仰之间有相似之处。事实是直到今天，关于鸦的传说、神话和逸闻趣事没有任何地方像在亚洲和新世界那么多。像前面已经说过的，在蒙古每个帐篷周围都可以看到作为幸运使者因而被人喜爱的喜鹊夫妇。在印度的城市，比如孟买也有些类似的给鸦的老年公寓：在房子和花园里面，虚弱、年迈或受伤的鸦被接收并受到照顾。1890年左右，也就是第一次大萧条时期，鸦成为北美印第安人鬼舞（Ghost Dance）仪式的核心动物。那些年，鸦取代了鹰成为北美的各种完全不同的部落里代表希望和安慰的动物。在土著部落日益严重地遭受迫害和灭绝的悲惨时期，鸦和展翅高飞的鹰相比更容易接近，也更容易在灾难中幸存，所以成了更适合印第安人的象征。鬼舞表达的是印第安人和白人和平共处，而拥有新的和平帝国的希望，这种希望在1890年"受伤的膝盖"（Wounded Knee）地区的大屠杀中彻底破灭。即使如此，鸦在印第安人的庆祝仪式中还是起到重要的作用。尤其是北美大平原的印第安人、珀内人（die Pawnees）继续维持和这种黑鸟的崇拜祭祀关系。这种关系也是基于现实原因。当美国的新住民把印第安人赶出了广阔的草牧居住区之后，他们试图借助辅助措施，像赶走印第安人那样赶走鸦。幸运的是他们最终无功而返，这也间接地和印第安人的仪式有关。比如通过嬉皮士对美国原住民文化的认同，鸦也进入了流行文化和新时代运动（New-Age-Bewegung）中。新时代运动时期创造出的奇特的、令人脑洞大开的鸦形象和漫画中非常狡猾的乌鸦为这些鸟重新获得人类的承认做出了贡献。于是它们不再是农夫、猎人和种族主

夏威夷乌鸦：夏威夷乌鸦是世界上最稀有的鸦，在野外灭绝后，只有大约五十只鸦生活在一些饲养站

义白人偏见中的有害动物了。

即使是最老套的流行文化中的鸦也包含了真正的灵性。不同的民族都以灵性的方式遇到鸦。这是鸦故事中的一个组成元素。像康拉德·洛伦兹、洛伦兹·基尔哈姆（Lawrence Kilham）和贝恩德·海因里希那样严肃的鸦研究者总是一再强调这种灵性元素。在下一章将讲到这点。

鸦在神话传说中和预言、智慧、长寿联系在一起。首先在太平洋西北区域它们在不同的部族被看作创造之鸟。这里有两点比较重要。一点是神话故事一般没有严格区分鸦和乌鸦，它们被作为同义词使用。另一点是这些神话从不是未经改编的初始神话，而从纯粹神话研究的角度上看，鸦神话肯定是将不同的神话组合而成，也就是受到不同神话的影响。这些影响包括基督教神话和故事。鸦的创世神话不属于最古老的部族社会的叙事故事，通常在社会需要更大领地来迁移、交易或进行侵略战争时才产生这种神话。

楚科奇人（Chukchee），西伯利亚东北部的土著，讲过一只乌鸦和它妻子的故事。两只鸟觉得无聊，这位妻子就请求乌鸦创造世界。乌鸦不知该怎么做，之后这只雌鸟睡着了，生了双胞胎：没有羽毛的两个孩子，听到乌鸦的"嘎嘎"声觉得开心，这就是最初的人类。被双胞胎的出生所启发，乌鸦们开始创造山川、河流、谷地和植物、动物。位于白令海峡的库库里克（Kukulik）岛上的因纽特的传说中，乌鸦潜入海里把沙子带到海面上创造了陆地。接着它们用沙子里的鹅卵石造出人类并教会他们打猎捕鱼。

在阿拉斯加西北海岸的特林吉特（Tlingit）印第安人的神话中，鸦也成了地球、月亮、太阳和人类的创造者。然而在特林吉特那里的乌鸦的创造物混杂着可恶，比如，它们创造了蚊子来激怒人类。乌鸦在许多神话中都被描述成诡计多端、阅尽千帆、老谋深算的创造者，它会幸灾乐祸。但乌鸦的把戏永远不会被解释为邪恶，最终它给地球骗取了光和太阳。

齐米斯希安（Tsimishian）印第安人同样生活在太平洋的西北海岸上，他们讲，乌鸦把鱼和水果散布到全世界。因为世界上没有光，它们很难找到食物。于是一只乌鸦从天空的一个洞飞到另一个世界。到达以后，它看到天上统治者的女儿正从一条河里打水。乌鸦把自己变成一根雪松针飞到她的水罐里。当公主喝水的时候乌鸦流进了她的身体里。公主怀孕了，给乌鸦生了个男孩儿。男孩儿充满魅力，在天上统治者的周围玩耍。孩子从这两个人那里偷了那个存储日光的盒子。之后乌鸦又变回了原形，飞过天空的洞，回到地球上，在那里砸碎了盒子。于是太阳、月亮和星星诞生了，地球上有了光、白天和黑夜。

关于乌鸦的故事总会和这种鸟迁徙的能力、足智多谋有关。在日本也流传着它机智地拯救光的传说，其中一个是说一个妖魔如何想要吞噬太阳。为了阻止这个妖魔，天上的领主们才制造了第一只鸦。在太阳马上就要消失在妖魔的喉咙里之前，鸦直接飞进它的喉咙。这让怪物非常慌张，就把太阳放开了，就这样鸦为世界保住了太阳。鸦和光、太阳的深层关系也出现在因纽特人的故事中。在他们的版本里，鸦往天空中投掷闪亮的银色碎片以此创造了光。对现在的因纽特人来说，银河还是这种投掷的银色条纹留下的痕迹。

银河也是关于鸦的最美丽的故事之一。故事在整个东亚的不同版本里传播开来，是关于两个恋人的。一位叫织女的纺织女嫁给了一个叫牵牛的放牛的年轻人。她是玉帝的孙女[1]，她的任务是用云的图案去编织天上的衣服。但婚后她找到比织布更好的事情做。大部分时间她都和她丈夫一起消遣，

1　原文有误。应为小女儿。——编者注

渡鸦情侣游戏：上面是一只在轻挠另一只。下面它们用正常姿势和用头扭过来反转的游戏姿势互相喂食

不再管她的工作。于是玉帝决定分开这两个人。织女被放到了东边的天空，牵牛在西边的天空，在他们中间玉帝建了银河。分开之后织女和牵牛哭得非常伤心，泪水化成巨大的洪水淹没了土地。直到中国阴历的七月七日，喜鹊飞到天上给分开的两颗星星搭起了一座桥。织女是天琴座 α 星织女星（Vega），而牵牛是天空另一侧的天鹰座牵牛星（Altair），传说中每年两个人都会通过那些鸟搭的桥重聚。

这也就容易理解为什么喜鹊在东亚是恋人的守护者，在蒙古的帐篷旁如此受欢迎了。除此之外，喜鹊在亚洲还是会当家的象征，这很大程度上和它们筑巢的方式有关，它们给巢做了一个屋顶还配备有侧面的入口。此外中文里喜鹊这个词直译过来是"欢乐的鸟"的意思。

当人们看了在东亚、北欧国家和北美印第安人的生活空间里鸦的自然史，就没有理由在关于这些鸟的神话中只看到玄学的东西。如美国的生物学家和鸦研究者贝恩德·海因里希所说，在每个把鸦敬为神明的地区，人类和鸦都能和谐相处。在维京人对鸦古老的尊崇一直延续下来的冰岛，它们几乎都是温顺的。在因纽特人的村子周围以及在阿拉斯加的城市周围，鸦聚集起来，从垃圾中拣出有用的，在皮卡的露天装载区偷食物。同时并没有人编造死亡和瘟疫与它们有关的谎言。在日本，当鸦从农夫的田里偷谷物时，他们因为鸦拯救太阳的故事也很难像这里的人那样去诅咒鸦。正是这些在亚洲，今天甚至也在加利福尼亚和鸦相处中非常切实的纠葛让像贝恩德·海因里希或者波利亚·萨克斯这样的研究人员怀疑，是否只有纯粹的科学认知才能让人和鸦的交往更和谐。鸦的故事中有太多本不应忽略的灵性元素（stimmige Spiritualität），以至于无法从自然史中完全抹去。像海因里希这类的研究者是这么认为的。他们在科普作品中加入了这些神话。

康拉德，那只鸦

洛伦兹对动物的同理心让他相对于其他动物学家占有几乎让人觉得不公平的优势。他可以（肯定他也这么做了）从他（有意识或无意识地）看到一种动物在做什么和这种动物自己感觉到做那样的事的方式比较中看出很多东西。

格雷戈里·贝特森

曾经有一位非常出色的演员。他能让自己完全成为任何一只鸟、猛禽或者鱼。当他那时模仿"强权统治"下最底层的寒鸦时，他就是那只不幸的鸟。

布鲁斯·查特文（Bruce Chatwin）

康拉德·洛伦兹是20世纪最具影响力的生物学家之一。那些他留着灰白胡子，有点驼背地向前走着的，作为一队小雁的父亲带领它们，还和它们一起游泳的照片让他世界闻名。作为雁的父亲，他成为世界畅销书，比如《所谓邪恶》（*Das sogenannte Böse*）的作者；作为雁的父亲，他1973年和蜜蜂研究

王风鸟（*Cicinnurus regius*），色彩斑斓的天堂鸟中最小的品种

者卡尔·冯·弗里施（Karl von Frisch）及海鸥专家尼克拉斯·丁伯根（Nikolaas Tinbergen）被授予了诺贝尔生理学或医学奖。

那时，站在斯德哥尔摩的讲台上的不仅是三位杰出的人类和动物行为学学者，而且他们也代表了20世纪混乱的政治局面（politische Verwüstung）。尼克拉斯·丁伯根曾积极参与荷兰反抗纳粹德国军队占领的行动。纳粹怀疑卡尔·冯·弗里施的身份，因为他有个犹太祖母，因此被第三帝国的种族法所管制。而洛伦兹是这三个人中的纳粹。他有段时间是支持国家社会主义的，他曾用残酷的文章喂养纳粹精神，文中他写道："剔除那些停转的因素。"

1980年春天，在一个奥地利广播电台的采访中，洛伦兹自己解释了他的想法和国家社会主义实践的联系。当采访问到他卷入纳粹时代的情况时，他回答说："我甚至曾经希望，国家社会主义会带来一些好的东西，因为他们看重生物学意义上人类的完美无瑕、反对驯化等等。当人们说'剔除'或者'选择'时，他们的意思是'谋杀'，这点我当时真的没想到。"

这里和雁、鸦有关的关键词就是驯化。在对像猪、羊或者雁从野生状态开始进行饲养时，驯化过程是非常罕见的。

只有相当少的物种适合被驯化。雁（Gänsen）分为家养鹅和野生的大雁，和雁不同，鸦在世界上任何地方都没有被驯化过。无论在哪儿，鸦总是要待在接近人类的地方，这种情况下，它们能保持神秘的原因肯定得在鸦身上找。鸦的幼鸟相对容易养大，之后它们会和自己的人类抚养者保持非常亲近的关系。它们也常常自己驯化自己。故事非常多，比如，鸦在基尔或弗莱堡（Freiburg）的步行区总是不停叫着"你好"（Guten Tach）或从车的雨刷下偷罚单，然后很高兴看到人类对此的反应，或对人类的反应很好奇。尽管如此，人们从未做到像成功驯服雁那样驯服鸦，让它们依赖人和受控繁殖。

这是使洛伦兹的动物行为学如此有吸引力的决定性原因。他潜入野生大雁的生活以便可以对家鹅和大雁进行深入比较，并发展出驯化会导致退化变种（degeneration）的理论。这对鸦来说不可能发生。在他笔下，它们总保留了一部分无法解释的野性。这部分野性摆脱了实证科学（positive Wissenschaft）的理性要求。

洛伦兹从鸦开始他的科学生涯。如果他一直研究这个，可能就为自己和别人免去很多麻烦。因为这位让自己变成了鸦¹的学者影响了法国精神分析学家雅克·拉康（Jacques Lacan）的讨论课。为了避免各种误解要说明一下：这里既不是为洛伦兹挽救他的荣誉，也不是为他巴结纳粹道歉。洛伦兹曾是纳粹的信徒，但他也是有其他品质的人。这一如既往地符合现实。

洛伦兹生活在一个断层年代。19世纪到20世纪的动物有明显的区别。比如，青蛙在它们还未成为研究对象的19世纪，就被固定得无法动弹了。人们把它们绑在实验室的机器上测量它们肌肉收缩的电流。这种被绑着无法动弹的动物，成为那个时代唯科学主义的机械模型样板。那时，那只动物就是电力的（Elektrizität），是电池和灯泡组成的蓝图（Blaupause）。

20世纪初，动物被从机器那里放出来了，它学着跑、跳、飞。洛伦兹的注解表现了典型的对动物视角的转换：青蛙和鸟类相比，持续逃离天敌的速度太慢。洛伦兹，20世纪二三十年代成为现代动物行为学奠基人之一的人，竟也把注意力转向了鸟，首先是寒鸦。他找到人和鸦生命活动的联系并非偶然，前

1　这里指他用模仿动物来研究它们的方法。——译者注

面多次提到的鸦和人发展的平行性是更深层次的原因。

因为洛伦兹具备完全无法理解，也无法教会的对一般动物，尤其是鸦的感受能力，他成功地让整个殖民区的寒鸦顺从听话，以便他随时可以观察它们。由此产生了他第一批较长的作品：《鸦的社会行为学》（*Ethologie sozialer Corviden*，1913）和《鸟类世界的伙伴》（*Der Kumpan in der Umwelt des Vogels*，1935）。在他的作品中首先探讨的是关于天生的和后天习得的行为方式的关系。

但这背后隐藏着这些年更一般的问题：什么是生命？这个问题只有当人们潜入有机体，当人们像洛伦兹一样变成了寒鸦或灰雁，沉浸其中时，才能回答。人必须成为动物才能研究动物的社会关系。诺贝尔奖协会在颁奖理由里说，动物行为生物学家是"因为他们在个人和社会的行为模式的建立和阐述方面的重大发现"而获得嘉奖。即使今天洛伦兹的研究在生物学上已经过时，但他的适应方法（Methode der Anverwandlung）依旧有效。灵长目动物学家珍妮·古道尔（Jane Goodall）和戴安·弗西（Dian Fossey）将把这种方法极端地用在黑猩猩和山地大猩猩身上。狒狒研究者中，有整个一个学派都完全依据动物的情绪来确定观察动物的时间以便尽可能不打扰它们。即使是实验室研究人员，像灰鹦鹉专家艾琳·佩珀贝格（Irene Pepperberg）和牛津的以亚历克斯·卡采尔尼克（Alex Kacelnik）为首的研究"工具—鸦关系的科研人员"（Werkzeug-Krähen-Forscher）都支持实验人员与实验鹦鹉、实验鸦之间保持牢固的个人关系纽带。

　　尽管洛伦兹在他关于寒鸦的科普文章里经常提到，观察一只自由飞翔的动物和观察在笼子里的动物是有区别的，但这些文章却并不是写退化或者驯化的。即使是一只由他亲手养大的、温驯的寒鸦，也依旧是一只寒鸦。

　　洛伦兹已经在他的寒鸦文章中指出了在物种保护（Arterhaltung）的意义上，"适应"和"健康"之间存在着神秘的联系。所以他尽管对一只他在家养的、一直对他发情的雄寒鸦甜言蜜语，可以说他个人对寒鸦同性恋不反对，但从科学上讲却已经反对了。因为一只同性恋寒鸦没有后代的话，就对维持种族发展毫无贡献。洛伦兹安慰读者说，这只鸟的错乱是因为被抓住了。自由的鸟会选择正确的异性恋。后来洛伦兹又反驳这个结论，就像他反对很多其他关于本能行为的知识那样，这是为了说明动物们的特性和一夫一妻制。这里只是略微提一下，不会做更多解释。

无论如何可以断定，自由飞行的寒鸦在雌雄两性中也都有同性恋。对同性恋雌鸟来说不能排除它们有后代。一般对鸦来说，它们长期的伴侣关系并不等同于只有一夫一妻间的性。所以可以通过和不是伴侣的雄鸟配对，让同性恋雌鸟受孕产卵而生下后代。

后来洛伦兹逐渐认识到了动物配对的不可预测性。它们自己选择伴侣时，根本不关心维护种族发展或品种纯洁的问题，而是单纯靠偏好选的。布鲁斯·查特文在他的澳大利亚原住民的小说《梦途》(*Traumpfade*)中写出了对这位年迈的动物思考者的生动印象，英文原版题目是《歌路》(*The Songlines*)，1987年出版。查特文在维也纳附近的小城阿尔腾贝格(Altenberg)拜访了洛伦兹，遇见了一位"瘦骨嶙峋、长着银色的直铲胡(Spatenbart)的男人，有着冰蓝色眼睛和一张被阳光晒得发红的脸"。他们聊了洛伦兹的攻击理论和领地理论。在谈话中洛伦兹总是一再陷入模仿动物的行为模式中，像一条发情的慈鲷或不幸的寒鸦那样行动从而"变成"这些动物。所以查特文把这段描写加进了他的长篇小说里。在澳大利亚有一个原住民在他眼前刚跳了蜥蜴人之舞。三分钟内，舞者一会儿是公的，一会儿是母的，一会儿是诱惑者，一会

寒鸦夫妇在它们的窝前

阿尔卑斯寒鸦

儿是被诱惑者。他"让自己的脖子鼓起一个腺囊，最终当他的死期来临时，他抽动着蜷曲起身体直到整个动作越来越无力，像一只垂死的天鹅那样"。这让查特文想起一个男人，"在类似的故事中，他也同样地模仿过动物，动作也是一样"。这个男人就是洛伦兹。

查特文不是第一个注意到洛伦兹和科学研究之前的动物观察者（vorwissenschaftliche Tierbeobachter）之间联系的人。美国人类学家和控制论、信息理论的合作创始人格雷戈里·贝特森于1979年就已经在他的书《心灵与自然》[Mind und Nature，德语译为《精神和自然——一种必要的统一》（Geist und Natur. Eine notwendige Einheit）]中，将洛伦兹等同于一位"实践中的图腾信徒"。贝特森在他的肖像描述中非常详细地说到这位动物行为研究者在描述动物时，有和查特文所说的一样的身体弯曲。但他同时强调，洛伦兹说到爱因斯坦的宇宙以及一般性说到人类时，就明显没那么生动了。洛伦兹不会描绘人，就跟在他办公室里驯服的寒鸦和他认识的约瑟夫·博伊斯（Joseph Beuys）一样。

对贝特森而言，洛伦兹用他的动作再次展示了什么是有生命力的动作和表达。这和我们今天所做的相反。正如他所写的，我们所做的是"给孩子们灌入'一点儿自然知识'，再加一点儿'艺术'，这样他们就忘记了自己的动物本能和生命本来具有的美，以便能成为好的生意人"。

也就是说洛伦兹所做的不是试图与自然或者生物进行对话，来引领人类社会和动物社会关系的方向。完全与此相反，对他来说，重要的是带着动物天性中的生命力美感的信息归来。因为他将动物美学时刻融入了他的散文、科学和科普文章中，这样，来自动物天性的平行世界的美将他带进了艺术、哲学和文学的世界。¹

---

1 这里说的是洛伦兹回归了一种动物美学，在他的科学研究中使用它以免人们忘记这种本能的生命力之美，而这种动物美学也为他创造了各个学科的突破口，让他触类旁通。——译者注

　　首先有三部作品是洛伦兹的后继者所写，其中提到他的理论的有法国哲学家吉尔·德勒兹和费利克斯·加塔利1980年在巴黎出版的《千高原》，1984年艺术家维尔纳·比特纳、马丁·基彭贝格尔和阿尔贝特·厄伦的书《工作即真理》，以及马塞尔·巴耶尔（Marcel Beyer）2008年的长篇小说《卡尔腾堡》（*Kaltenburg*）。可以把这些作品里涉及洛伦兹的段落当作一个三部曲来读。开始的相对缓慢的情节到最后在巴耶尔小说里以热情的鸦作为终结篇。

　　德勒兹和加塔利首先在"关于叠句"（Zum Ritornell）中写到洛伦兹。这里发现在动物那里领地是通过它们自身的颜色，或声音，通过鸣叫或者噪声来划分的。领地在哲学家那里不是可以占领或不被占领的固定空间，而是通过动物活动才产生的动态结构。领地是可移动的这点是可以在城市中直接从松鸦、喜鹊、小嘴乌鸦和冠小嘴乌鸦身上看出的。如果一对橡树松鸦在后院安家，待在那里，那么这个有树木的后院就成为它们的领地。它们划定领地做得相当明显。秋天它们用阳台上的花桶来储存橡果和其他东西。人们在自己的公寓里可以如此细致地观察它们，以至于他们在任何时候都知道是哪只鸟什么时候到了阳台上的什么地方。无论在公寓附近设置领地的是喜鹊还是鸦，它们的叫喊声都大得无法听不到。这是属于类似一般的城市噪声那样的环境噪声。

德勒兹和加塔利研究的亮点在于，或者说得更确切的是，他们的研究成果是认知到在动物领地里动物的叫声或动物做的标记中隐含着艺术活动。他们认为这不是人类艺术的前身，而是和人类艺术平行的另一种艺术活动。在这些活动的过程中，动物们可以接触、碰撞、交错、多方面相互影响、共同形成氛围和节奏，尽管如此，它们的这些表达却从不重合。它们不是一起讨论问题的议会，而是表达自己的个体。它们不为内容而竞争，叫嚷或者歌唱只是为了传输频率。德勒兹和加塔利认为艺术家也在做同样的事。艺术中的多样化是通过对主流位置的偏离技巧而造就的。

多声部不统一的这点也在20世纪80年代艺术最重要的作品，艺术家比特纳、基彭贝格尔、厄伦描述康拉德·洛伦兹的书里出现过。这三个人因为一只狗，意见不统一，他们不知它到底是哪两种狗杂交出来的：长卷毛狗（Pudel）和牧羊犬、长卷毛狗和罗特魏尔犬（Rottweiler），或者长卷毛狗和短腿长身的德国猎犬（Dackel）。这时，洛伦兹教授从灌木丛中出现，用下面的话打断了这次争执："格式塔知觉

（Gestaltwahrnehmung），我的先生们，有它的优缺点。"洛伦兹关于格式塔知觉的演讲到今天依旧有效，这不仅打断了艺术家们的争论，而且他反对的也是贯穿全书的讽刺和对基于文字游戏的无聊笑话的依赖。因为格式塔知觉的弱点之一是对自我观察的敏感。洛伦兹是这么解释的："只要人们只是把注意力集中于功能问题，功能就明显被干扰。……夏天，在我的故乡只有乌鸦，没有秃鼻乌鸦。在开始完全进入秋天时，我曾看到的秃鼻乌鸦总是让我一下想到是它们。我那时从不会混淆只是在身体比例上有微小差别的飞行中的秃鼻乌鸦和小嘴乌鸦。"那时，洛伦兹总是分类正确。

"相反如果有意识试图区分飞行中的鸟，会得出我的说法是偶然分类的结论。过于理性地关注感知到的细节显然破坏了整体的平衡，它们本应从整体形态上进行区分。这种细节上的区分很大程度上有害于对格式塔知觉进行科学的运用"，洛伦兹结束了他的发言，给出了他从科学转向我们时代艺术的最佳解释。

如果去看马塞尔·巴耶尔的长篇小说《卡尔腾堡》，这个过程就不再令人惊奇了。动物研究者路德维希·卡尔腾堡（Ludwig Kaltenburg），那位在他下奥地利州（Niederösterreich）

的房子中壁炉前等着心爱的寒鸦回来的老人，无疑是以康拉德·洛伦兹为原型写的。巴耶尔只是把姓名开头的大写字母互换了 —— 从K.L.换成了L.K.。和洛伦兹去西德（Westdeutschland），成为在西维森（Seewiesen）的马克斯·普朗克行为生理学研究所的所长之一不同，巴耶尔让卡尔腾堡在纳粹统治期之后去了东德（DDR）。巴耶尔在他的小说中设计了一种在东德卡尔腾堡的工作室里一只寒鸦眼中的老西德的文化核心场景。那里的一天晚上，以海因茨·西尔曼（Heinz Sielmann）为原型的动物电影编导克努特·西韦丁（Knut Sieverding）遇到了在现实生活中是约瑟夫·波恩斯（Joseph Beuys）的艺术家马丁·施彭格勒（Martin Spengler）。故事的背景是，洛伦兹、西尔曼和波恩斯实际是互相认识的。他们很可能是二战的最后几年在东线结识的。当施彭格勒、波恩斯讲在战争中他们的飞机在克里米亚岛坠毁、被鞑靼人救了的时候，卡尔腾堡驯养的叫塔肖查克（Tachotschek）的寒鸦一直在谈话人中间左旋右转。塔肖查克打开一个锡罐，合上它，又打开。它要求晚上来一轮藏铅笔和橡皮的游戏，以便它有玩的东西。寒鸦什么都没说，只是姿态上暗示着它的想法，但是它被理解了。巴耶尔在这个短暂的瞬间成功地像

寒鸦

是顺便做的那样，捕捉到了寒鸦的本性。在路德维希·卡尔腾堡的工作室的这个瞬间，西尔曼编导的新动物电影成形了。对约瑟夫·波恩斯产生决定性影响的西德的艺术也在此时被启发，它同样也影响了洛伦兹的研究。

而巴耶尔还超越了这个场景在他小说的结局展望未来篇中写到了关于鸦群中的无名鸟。动物学家的世界知识对他来讲成为通过洛伦兹获得的文本知识，刺激他的是科学史。洛伦兹不仅影响深远，而且为他提供了指引未来的素材，并且在联系到两个至少表面上非常紧密的概念 —— 生物本能欲望和普遍的攻击潜能 —— 时提供了让动物在游戏中避开因果决定论所规定的宿命，探索到新的生存空间的机会。洛伦兹不仅讲到棘鱼和斗鱼如同愤怒的复仇女神一样的争斗，而且也叙述了和风游戏的寒鸦。

在"永恒的同伴"这个标题下洛伦兹描述了寒鸦的游戏：

　　　　春天的风暴在烟囱里歌唱，我书房窗前的老云杉激动地挥舞着它的胳膊沙沙作响。突然，十二只黑色、水滴状或者流线型的子弹，从上方直冲我的窗框里的那块云天。它们像石头一样沉重滚落，紧挨着树梢落下，突然长出醒目的大黑翅膀，变成鸟，风暴抓住这轻盈的羽毛掸子，向上猛拉，从我的视野中席卷而过。

　　我走到窗边看这独一无二的寒鸦和风暴玩的游戏。

　　游戏吗？是的，游戏最狭义的意思是：为了自己而练习和享受的，而不是为了一种目的而服务的动作。该强调的是，游戏是学会的动作！而不是本能天生的！因为这正是鸟在这里练习出来的：利用风精确地估测距离，而最重要的是对风方位的那些关系和所有情况的了解，正好是这个风向的时候，在这些位置有上升气流、气孔或者旋涡。所有这些不是继承的能力，而是自己练习所得的。

　　在洛伦兹的这段文字中，出现了动物知识的形成，这是21世纪初巴耶尔开始的。而在20世纪，似乎能在没有过去的包袱的情况下消除不同物种之间过去的界限感。"成百上千只秃鼻乌鸦和小嘴乌鸦、冠小嘴乌鸦、寒鸦一起形成巨大的鸟云，在我们上方有节奏地流动着，边缘变得模糊，又重新聚集成一个黑块。"巴耶尔的小说《卡尔腾堡》的最后一句是这么写的。

希区柯克和邪恶的鸦

当梅拉妮·丹尼尔斯（Melanie Daniels）坐在博德加湾（Bodega Bay）学校前的长凳上抽烟时，一只鸦落在她背后的操场上。不一会儿变成了四只，之后是五只，越来越多，直到它们挨得如此之近，以至于整个校园都是乌鸦。梅拉妮很不可思议，她匆忙赶到学校请女老师把孩子们带到安全的地方去。当孩子们排成一排以便能有秩序地从学校里出来逃离这些鸟时，鸦成群结队拍翅而起、压低了飞行去攻击这些孩子。它们扯拽着孩子们的头发，啄他们的后颈，将他们越来越快赶向前方。

艾尔弗雷德·希区柯克（Alfred Hitchcock）的电影《群鸟》（*Die Vögel*）中的鸦和史蒂文·斯皮尔伯格（Steven Spielberg）《大白鲨》（*Die Weiße Hai*）中的鲨鱼一样被赋予了邪恶的含义。希区柯克认为鸦是邪恶的，这在很大程度上影响到萨尔曼·拉什迪（Salman Rushdie）的自传《约瑟夫·安东》（*Joseph Anton*）。"第一只鸦"是拉什迪序言的标题，他的书是这样开始的："后来，当世界在他周围爆炸，带来死亡的鸦在校园里

艾尔弗雷德·希区柯克《群鸟》：在加利福尼亚北部一座小城的校园里满是鸦

的爬梯上聚集时，让他恼怒的是他已经忘记了那个BBC新闻女播音员的名字。她告诉他，他以前的生活已经过去了，对他而言一个新的更黑暗的求生时期开始了。"

带来死亡的鸦在希区柯克的电影里是那些开始是一只，后来越来越多，飞到加利福尼亚北部小城的校园里的鸦。在拉什迪那里，第一只鸦却是在1989年2月14日，这天他被伊斯兰教教法裁决。阿亚图拉·霍梅尼（Ayatollah Khomeini）宣判要对他实行伊斯兰教的死刑。这天拉什迪正在英国参加不久前才死于艾滋病的布鲁斯·查特文的葬礼。对拉什迪来说，"第一只鸦"就是霍梅尼（Khomeini），而之后尾随的几千只，"像埃及的天谴一样"铺天盖地的鸦是比喻那些追捕拉什迪的阿亚图拉的追随者。

拉什迪受着这种鸦式迫害来到了西方。在拉什迪青年时代早期待过的孟买，那里没有鸦被尊为创造、智慧和幸运之鸟的亚洲创世神话的痕迹。鸦对他而言成了邪恶的死亡鸟，这种严苛的形象仅仅是西方的产物。希区柯克的电影也继承了这个传统。

奇怪的是尽管对鸦也有正面评价，像"邪物"（böses Objekt）[斯拉沃热·齐泽克（Slavoj Žižek）]这种贬义词还是片面地集中到了鸦身上。在希区柯克的电影里三种不同的鸟类——麻雀、海鸥和鸦——都对人类进行攻击。这种攻击引起了生态学家的注意。斯拉沃热·齐泽克在回答为什么鸟类攻击人类时，把这个情景改写成了口号："全世界的鸟类，团结起来！"生态学的解读方式是，鸟类已经受够了人类毫无顾忌地剥削自然，开始反击。比如，电影的结尾就符合这种阐释。最后这些鸟平静地全方位俯瞰着没有父亲的这家人启程离开。希区柯克将社会和自然的平常斗争过程反转过来。不然在这争斗中总是动物必须退让。这样他就与埃利亚斯·卡内蒂（Elias Canetti）一样的生态积极分子、换位思考者不谋而合。卡内蒂在整个20世纪六七十年代都梦想着自然的胜利反击和人类的落败。

　　而重要的是希区柯克这里的鸟不是象征。它们就是真正的自己。他展示了太多鸟的私生活，让它们美妙的形象和飞行画面中的动作占据了太多电影画面。在和弗朗索瓦·特吕弗（François Truffaut）的长谈中，希区柯克讲到了他的创作来源。这个谈话在德国被做成了口袋书出版，封面上印着一张希区柯克胳膊上停着一只喋喋不休的鸦的照片。灵感源自他看到的其他关于鸦攻击羊羔、鸦啄食腐烂动物尸体和人类尸体上的眼睛的报道。攻击羊羔和吃尸体的眼睛都是从有报纸以来就对鸦胡编乱造的故事。其中符合事实的是，如果死去的尸体其他部位没有受伤，它们在死尸旁确实最先吃掉眼睛。鸦甚至无法用喙和爪子撕开死松鼠的皮毛，更不用说去撕像鹿或者驯鹿这样较大的动物了。

它们没有掠食鸟类的爪子以及刺入和撕开食物的喙。所以它们会首先从眼睛或者从肛门开始吃。它们以这种方式试图达到腐尸的内部。由于它们无法撕开动物的皮毛，就和狼、草原狼合作。鸦把草原狼或者狼带到快死的驯鹿、鹿或者羊那里，因为这些动物能帮它们剖开死尸，吃到尸体内脏。即使草原狼是先满足自己的食欲，对鸦来说，冬天狼吃剩下的，也比等尸虫咬开动物尸体后鸦能吃到的更多。然而在中世纪时，对人们而言，看到"嘎嘎"叫的鸦紧靠在人们为了杀一儆百而吊死在森林里，或者村边的没有眼睛的贼旁边，肯定不是美好体验。从这个方面看来，恐怖故事里出现吃眼珠的鸟就有理有据了，这就像希区柯克电影中没眼睛的死去的农夫那种故事一样，只是公开绞死那些贼和罪犯的当然不是鸦。但无论如何，它们"绞架鸟"的名声是从这个时代开始的。它们这种名气之大可以从艺术家马克·戴恩的作品《绞架鸟》

在飞行中叫喊的鸦（20 世纪初绘制）

中看出。戴恩为此用沥青涂抹了出于捕猎需要做的一只塑料的诱鸟鸦。它被放在德国像在维腾(Witten）或者柏林的约克街（Yorkstraße）上的桌舞酒吧屋顶上，用来吓唬那些总在窗台上的虫子。他创造的这只鸦的颜色和质地让人想起石油泄漏（Ölunglücke），这样，"绞架鸟"就不再指鸦，而是指那些灾难引发者。

　　而关于眼睛的故事也表明了为什么把攻击活的、健康的羊或者羊羔的事栽赃给鸦是毫无意义的。为什么它们连死去动物内部的肉都还完全不能吃到时还要做这个？没有这样做的理由。鸦虽然非常仔细地观察生病的动物，跟随它们，当生病的动物后来一动不动地躺在那里之后，鸦才小心翼翼地接近它们。一般情况下，它们会先用喙在皮毛上拨弄一下再迅速跳开，以便再次相当缓慢地接近。它们的这种动作像秃鹫。和秃鹫一样，它们也经历了欧洲社会对它们评价的改变。在中世纪末期，它们不仅被容忍而且还被欣赏。鸦追随着到处移动的羊群，清除快死的老动物，动物死胎、胞衣或者只是牧羊人的残羹剩饭。除此之外，喜鹊和乌鸦还是城市的常住民。居民不曾放弃让它们为自己服务的机会。在"动物尸体堆放地"放置的动物遗体和垃圾正等着鸦和其他如秃鹫一样的食腐动物来清理。作为清洁力量，它们是受欢迎的，但同时也和死亡联系起来。这种情况随着城市越来越卫生、农业的逐步深入发展而改变了。鸦还在，但它们失去了城市清洁工的功能。在这段时间里它们的意义发生转变，从清洁工变成了有害动物。这是一个并非在所有地方都同时发生的过程。

但对伦敦来说，这个转变是可以给出具体日期的。1666年9月伦敦桥附近的一家面包店着火了。火势蔓延到附近的房子，在这个地区肆虐了一周，摧毁了一万三千多座房子。当局在这段时间内无法把火灾受难者的尸体及时从城市运出去。于是幸存者就看到了恐怖的一幕 —— 那时数量众多的鸦和渡鸦到处叼、啄、吃掉人类的尸体。结果是伦敦居民彻

黄嘴山鸦的强烈威胁。它用张开的翅膀一面盖住它想要的东西，一面威胁其他鸟，以守护冬季较大块的食物和饮水位

底驱逐鸦。数万只的鸦被杀，鸟巢被毁。只有国王查理二世不愿追随这种毁灭行动。一个占卜者曾对查理预言，如果他把塔里所有的鸦都赶走，王国将会遭受重大损失，宫殿会化为灰烬。这让国王思虑再三，于是他命令在塔里养六只鸦并任命了一位看守来照看它们。和鸦一样，这种看守到今天还有，官方叫作御用乌鸦官（Yeoman Raven Master）。六只，有时是八只在塔里被悉心地照顾着，剪短翅膀的话也被允许在草坪上跳来跳去。当一只乌鸦死去时，它被安葬在护城河里，名字被记载在书里。

　　对美国的文学研究者和鸦神话专家波利亚·萨克斯来

说，1666年9月开始了鸦的现代时期。这一时期的标志包括了为保护农业和狩猎经济貌似理性的迫害鸦与经常神话它的趋势（mythengespeiste Zuneigung）之间的深度矛盾。老神话在现代以不同路数，就像达尔文的人类起源发展谱系树（Abstammung，sliniengestrüpp）一样继续流传。在有些情况下，它们没有分支或断裂、原汁原味地被保存下来。在另一些情况下，它们变换了形式不断出现 —— 像希区柯克的死亡鸦。

日耳曼神话里的鸦就没有被改写，保存了老神话的精髓。鸦在日耳曼神话里是神的使者。日耳曼神沃坦（Wotan）拥有两只乌鸦，胡金（Hugin）和穆宁（Munin），它们一左一右在他肩膀上站着。这只叫胡金的是代表思考，另一只穆宁是代表记忆。破晓时，沃坦派鸦去世界尽头，它们回来时就能够报告是什么让世界上的人烦恼，并让他们有所行动。夜里它们回来，做一番报告就省得沃坦自己还要去人间走一趟。在理查德·瓦格纳的《诸神的黄昏》中它们还以信使形象出现。瓦尔特劳德（Waltraute）在歌剧的第一幕中预言：

他的两只乌鸦

曾被送上旅程：

如果它们以前

带着好消息归来，

那么再一次

——最后一次——

神永恒微笑。

最后，在第三幕里布伦希尔德（Brünhilde）讲述鸦的归

来并要求它们：

回家来吧，你们这些乌鸦！

对你们的主人低语，

在这莱茵河边你们听过什么！

因为诸神的终结

如今已成定局：

所以——我将火投入

瓦尔哈拉辉煌的城堡里。

但即使是在瓦格纳那里一切都圆满进行的报信，如同

北欧神话一样，在其他讲述乌鸦的套路里还是不乏负面的意味。2012年，梵蒂冈曾寻找背叛者，这个人窃取了教皇档案里的秘密通信，并将其公之于众。到处宣扬的只是人们在彻查"乌鸦"。当一处漏洞被发现以后，《法兰克福汇报》标出题目："保莱托（Paoletto）是那只'乌鸦'"。引号虽然制造了讽刺的距离感，但比喻中的不信任大多还是针对鸟的，而不是针对梵蒂冈的秘书们。

隐喻性的潜台词（Subtext）常常荼毒了好画，这点可以从卡斯帕·大卫·弗里德里希的两幅画里看出来：1813年或1814年的《森林里的猎人》（Chasseur im Walde）和1824年或1825年的《德累斯顿附近的丘陵和原野》（Hügel und Felder bei Dresden）。乌鸦在画里与丘陵、光秃秃的树和背景中城市的房屋融为一体。这是那些从开阔的农田和城市居住区中受益的乌鸦。在现实生活中也是如此。对此，弗里德里希既没有把它画成好气氛的破坏者，也没有画成耕地的威胁者，这幅画里乌鸦只是单纯地在那里。在《森林里的猎人》中却完全不同。拿破仑时期的士兵被针叶树包围着，针叶树也像士兵一样严谨地站着队列。画的前景是，在一个锯掉的树干上站着一只乌鸦 —— 法国人的死亡鸟。如果你知道，19世纪初，

卡斯帕·大卫·弗里德里希，《乌鸦树》，大约 1822 年。在树上站着的鸦在等待默默飞来的鸦群

德国突然大规模植树造林多少是对法国的默默反抗的话，就明白这幅画里，森林里的乌鸦是通过这个比喻成为令人紧张的死亡威胁，既不美丽也不浪漫。但这就意味着，正是弗里德里希创作的这些画烘托出这样的气氛，尤其是在北部地区，是通过鸦，即使不是引发，也是加强了这种氛围。弗里德里希1822年的画《乌鸦树》（*Rabenbaum*）带着一种忧郁。这忧郁如此悄无声息地来到迁移的秋冬季鸦的周围，甚至鸟群里发

出的噪声也消失了。鸦没有主导这幅画。几只站在树上，其他的正在降落，而大多数都从天空中飞来，越来越近。这幅画和埃及的天谴没有共同之处。鸟群散发着傍晚的宁静气息，在希区柯克电影的结尾处也是如此。

在激战过去之后，当米奇·布伦纳（Mitch Brenner）小心地在黑暗中穿过鸦和海鸥到达他的汽车收音机前时，鸟并列地站在那里，就像它们在黑暗中总做的那样：有些平静，有些抖着它们的毛。还有一只鸦飞起来换了个位置。当人们开着车穿过鸟群离开时，鸦和海鸥发出的声音可以用英语中美妙的词"薄暮合唱"（dusk chorus）来形容。希区柯克以他的方式在最后的连拍场景中拍出了卡斯帕·大卫·弗里德里希的《乌鸦树》的感觉。

第二天性

那是鸦喜欢的风景：一片曾经深入种植过的休耕地上长着不高不低的草和非常稀疏的树林。盖伊·本·内尔（Guy Ben-Ners）的录像片《第二天性》一开始出现的镜头是一只被捆绑的鸦。在休耕的草木繁盛的原野上一男一女试图把一只鸦放到光秃秃的老树枝上，树枝在两人的头上方。鸦戴着连着一根绳子的脚套，竖起羽毛，扇着翅膀"嘎嘎"叫。它反抗着不愿被绑在树枝上。镜头逐渐聚焦在鸦身上，直到画面只展现从下方看到的它如何伸长身体"嘎嘎"叫的形象。背景中，可以看到天空中很多鸦四处乱飞，这是秋冬季鸦群的典型特征。那女人和男人在此期间用奶酪喂鸦。它对此很平静，一声声快乐地叫着，正如鸦在秋冬季会做的那样。树前的地上竖着一个塑料动物运输笼，里面的狐狸等着出来。它一旦被放出来就绕着树转，立刻不听话了。男人就说："即使你改变了你的习惯，你的天性也不会变。"这时鸦在树枝上，狐狸在周围跑来跑去。它一会儿在镜头里，一会儿不在。

然后镜头就转向盖·本·内尔，这位导演在一位女士旁边站着拿着麦克风并用诗句给出指示。指示是让男子和女子向狐狸及鸦继续传递,而这些动物从中不必得出任何它们的游戏应该怎样接着进行下去的结论。就如刚开始那样,它们继续注意力涣散地待在那里。于是这十分三十秒的电影就成了至今为止阐释拉封丹(Lafontaine)的寓言《乌鸦和狐狸》的最独特的影片。

因为电影是讲这个寓言的,我们先回顾一下这个故事:

> 乌鸦先生蹲坐在树上,
>
> 嘴里叼着一块奶酪
>
> 狐狸先生被香气吸引而来,
>
> 机智地叫着:
>
> "啊,乌鸦男爵,
>
> "您是多么美丽,您是多么骄傲!
>
> "如果您唱歌的天赋也很配
>
> 美丽的黑色礼服的话,
>
> "您就是所有鸟中的凤凰!"
>
> 乌鸦听着这些话觉得很受用,
>
> 立刻放声高歌。

　　这时奶酪从乌鸦嘴里掉出来

　　落到下面坐着的狐狸嘴里。

　　这位大笑道：“谢谢馈赠！

　　“从我这里学到这个教训吧

　　“恭维者靠爱听恭维话的人活着。

　　“这个教训肯定值这块奶酪。”

　　乌鸦目瞪口呆地站着发誓：

　　这样的事不会在它这里发生第二次。

　　本·内尔的再创作从材料上来说除了一只真乌鸦、奶酪和真正的狐狸以外没有什么其他的了。这成了一部没有任何浪漫气息的报道人和动物交往的电影。因为这部电影是为2008年在利物浦的双年展拍的，在英国，很多人为他而大开方便之门。本·内尔面向全国寻找电影里需要的动物和驯兽师。他也因为电影里的鸦一举成名。这只鸦在《哈利·波特》第三部中参演，也就是说，随着这只鸦的成名，他甚至也世界闻名了。拍电影时，他为鸦设计的动作常常无法完成，鸦和它的野生同类一样情绪化。即使已经被驯服，也不是所有事情都可以做。

英国海岸边的红嘴山鸦，这里是阿尔卑斯山以外的鸟群的第二生活空间

《第二天性》除了是个驯兽失败的例子以外，也显示了一种普遍趋势：也就是说将真实动物用在寓言电影里。

与伊索和拉封丹所写的那种寓言和神话不同，他们感兴趣的并不是动物的天性。伊索也写过同名的《乌鸦和狐狸》。生活在公元前600年左右的希腊的伊索，被认为是寓言的发明者。因此整个文体都以他的名字命名。"把自然伊索寓言化"（Äsopierung der Natur）的基础是，寓言作家为了把人的个性和问题用动物的形象表现出来，用动物做了主角。那些动物实际是怎样的，他们并不感兴趣。但是本·内尔的电影所展示的是，如果人们把寓言按字面意思理解，动物就是动物，在寓言中出现动物就已经为回归到动物本身提供了可能。寓言不一定会导致对动物的误解。寓言中虚荣的乌鸦和天空中的鸦在电影里没什么区别。

为乌鸦正名之路也始于伊索的动物世界里另一只在政治上明显更具争议的鸦。它是伊索寓言中想成为孔雀却失败的寒鸦。受到歧视后又转为正面形象的吉姆·克劳（Jim Crow）¹、美国19世纪走唱秀（Minstrel Show）²中的核心人物和

1　这里的名字"克劳"的意思就是乌鸦。——译者注

2　一种白人扮成黑人奴隶表现他们对白人主人的热爱的歌者秀。——译者注

美国嘻哈文化中对鸦的肯定，是鸦从负面形象变成正面形象循序渐进的过程。伊索的寓言中讲一只寒鸦披着彩色羽毛，因为它想如孔雀那样光芒四射，但它失败了。几个世纪以来，这只寒鸦不停地被叙述成那些想突破他们原先社会阶层高升的人。寓言的寓意很明确，可以翻译成：鞋匠就该安分守己 —— 一个不求进取的建议。也因此伊索的寒鸦成为吉姆·克劳的榜样。

吉姆·克劳在走唱秀里代表了来自南部各州的穷苦奴隶。从工业化时期以前的世界来到工业化的美国当一个搞笑的傻子。克劳在走唱秀里总是由把脸抹黑的白人饰演。经典的"黑脸"形象。这些秀在1840年到1870年首先在美国的白人工人那里深受喜爱。整个剧组由涂黑脸戴着深色浓密的鬈发发套的白人演员组成。他们弹着班卓琴，演着黑人。走唱秀长期被阐释为充斥着种族主义的白人工人的戏。一方面他们可以在黑色袍子下演出他们秘密的被禁止的欲望，另一方面又把黑人演成对现代的东西无法理解、卡在文明时代以前的乡下佬，从而获得比黑人高一等的优越感。

然而这一情况被美国历史学家亚历山大·萨克斯顿（Alexander Saxton）的学派改变了。萨克斯顿是美国一位比较极端的工人领袖，之后他成为历史学教授。直到1990年退休，他都一直在加州大学洛杉矶分校教书。萨克斯顿是最早在美国从事少数民族特定历史研究的历史学家之一，被认为是亚裔美国人研究（Asian American Studies）的创始人。他的学派对吉姆·克劳形象的重新解读始于对白人和黑人工人隐藏的平等观念的认同（Identifikationsfläche）。这样的话，鸦和乌鸦就成为可用的工具，就像在印第安人的鬼舞中那样。另外，把鸦从贬义中解放出来的过程中不可忽视的一环是它在美国白人主导的军队中起的作用。

为了在越南战争中缓和美国军队中的民族矛盾，军队开始设置同一种族的黑人部队。他们非官方但公开地称这些部队为"乌鸦部队"。"乌鸦部队"这个称呼是把自己人称为乌鸦而为乌鸦正名的一小步。就像吉姆·克劳回归不仅是回到嘻哈社区，而且是对鸦正面形象的肯定一样。

然而在美国，鸦的形象自今天每个小孩儿都熟识爱伦·坡的诗《乌鸦》以后，在文化上为进入高雅文化做了良好准备。爱伦·坡在一篇散文中详细介绍了他如何会写到鸦。他从一开始就知道，他想在诗中出现一只鸟，它总是只说一个词。"乌鸦曰，'永不复来'"，最著名的诗行里是这么写

凡·高最后的画作中的一幅。《有乌鸦的麦田》或者《乌鸦飞过的麦田》，很可能创作于 1890 年。在像大海一样波涛翻滚的麦子上方，乌鸦自然地飞向天空

的。最开始爱伦·坡在此想用一只鹦鹉。但当他发现鹦鹉那
彩色的羽毛和姿态显示不出深度忧郁画面中的严肃 —— 这
忧郁只有乌鸦能代表 —— 之后就放弃了鹦鹉。爱伦·坡在
19世纪把鸦看作必须严肃对待又带着幽默个性的独特动物，
他是将这种特性引进文学中去的第一位诗人。鸦的这种特点
一直影响到了20世纪的先锋运动。安托宁·阿尔托（Antonin
Artaud）在他描写由于社会而自杀的凡·高的优秀散文的后
记中说到凡·高的鸦。"但是那里是凡·高的鸦群，"他写
道，"它们更多表现的是体面（Anstand），我的意思是，较少
表现的是灵性。"他指的是凡·高的最后画作之一，展现了一
群鸦飞过摇曳的田地。对阿尔托而言，画中的刻骨忧伤源自
凡·高绘制鸦的色彩和笔法的绚丽多姿。显而易见，凡·高
不再有可能让他的生活这么绚烂了。剩下的只是爱伦·坡、
阿尔托和其他人所说的鸦。

肖
像

冠蓝鸦

学　名：*Cyanocitta cristata*

德文名：Blauhäher

英文名：Blue Jay

法文名：Geai bleu

　　体形小、大约二十六厘米长的冠蓝鸦在新大陆[1]的鸦中算是独行侠。只有在求偶和孵卵期它们才成对生活。在这段时间内，通常情况下很吵和活跃的鸟群会特别胆怯害羞，只有在内部交流时才小声叫两声。这时它们对每种逼近它们领地的行为都特别具有攻击性。它们在抚养幼鸟的时期过后恢复单身，但这之后它们就不能再克服这种攻击性了。关于在公园或花园里攻击猫、负鼠或鹰的冠蓝鸦的报道非常多，这也可能是让它们备受人类喜爱的原因之一。它们激动恼怒的表现是竖起头上的毛，发出大声悦耳的"吉尔斯"声（Jeers），并很慌乱匆忙地动来动去。它们模仿其他物种叫声的能力让人觉得它们似乎曾对敌人聚精会神地观察过。它们模仿不同食肉禽的叫声，尤其当这些动物出现时它们对着对方不停地大叫。通过这种行为它们警告许多其他的小鸟并迷惑人类。叫声模仿得如此相像，真的让人无法区别。但在被追捕时它们这么做无济于事。在美国乡间经常可以看到食肉禽揪着一只冠蓝鸦，从它身上扯下蓝白羽毛，再把喙上的毛抖落到空中。

1　指美洲大陆。——译者注

绿蓝鸦

学　名：*Cyanocorax yncas*
德文名：Grünhäher
英文名：Green Jay
法文名：Geai vert

　　它们享有好名声，也是很仔细的人类观察者。"在你完全看到它们之前这些鸟就已经认出你了。"一位在得克萨斯的本特森（Bentsen）住过的墨西哥鸟类学家罗伊·罗德里格斯（Roy Rodriguez）曾这么说过。本特森是所谓世界鸟类中心之一，标注为保护区，位于得克萨斯农业完全工业化的南部，紧挨着里奥格兰德。里奥格兰德峡谷是多物种的热点之一，前几年那里可以观察到五百二十二种鸟类，绿蓝鸦属于其中最与众不同的鸟。它们算是鸦属中的蓝鸦（Cyanocorax），鸦属下有十七个种类在新大陆（die Neue Welt）出现。绿蓝鸦身长二十七厘米，属于蓝鸦中最小又最色彩斑斓的鸟。在阳光下它身体的主干部位的羽毛闪着黄绿色的光，至头部和尾巴过渡成不同的蓝色。群居、很少轻声叫的绿蓝鸦有时三四只，有时是六只成群结队穿过稀疏潮湿的森林和浓密的灌木丛去寻找甲虫、蚯蚓、蜥蜴、更小的鸟、种子、浆果和水果。同时绿蓝鸦似乎总是用不同高低不同音调的叫声互相交谈。经常听到的叫声是沙哑的"切—切—切"（cheh-cheh-cheh），它们还模仿周围环境的各种声音，并可以把它们的叫声升高成发牢骚的斥责声。

褐鸦

学　名：*Psilorhinus morio*
德文名：Braunhäher
英文名：Brown Jay
法文名：Geai enfumé

　　墨西哥瓦哈卡州（Oaxaca）的首府瓦哈卡（Oaxaca de Juárez）附近是可以很好地观察褐鸦几个特征的地方。这些全身烟熏一样的褐色的鸟最长四十四厘米，五只到二十四只一起生活。我观察的那只是九只鸟组成的群体中的一只。鸟群是扩展的家族联盟，由老鸟、幼鸟和还没有性成熟的成年鸟组成。这些鸟通过喙可以很容易地区别开来。老鸟的喙是黑色的，幼鸟的喙是黄色的，它们之间的是有黄黑色的喙的过渡年龄层的鸟。每天早上日出前一个小时，褐鸦群就开始用特定的仪式来寻找食物。鸟群首先用似乎从黑暗中爆发的叫喊声合唱，然后在树冠上激动地扇翅膀来继续叫着，竖起羽毛聚集起来，做好准备后开始在较低的植物上追赶昆虫、在腐朽的木头里或地上找寻虫蛹。褐鸦喜欢热带农场或者原野附近的特定植物生长区，会避开丛林内部。它们的幼鸟是鸟群一起带大的。较年轻的鸟会成为孵卵的鸟夫妇窝边的协助者。有时，好几只雌鸟把它们的蛋下到一个窝里进行集体孵化。

白喉鹊鸦

学　名：*Calocitta Formosa*
德文名：Langschwanzhäher
英文名：White-throated Magpie-Jay
法文名：Geai à face blanche

　　白喉鹊鸦在很多方面是介于两种鸟之间的过渡鸟类。它的英文名称鹊鸦（Magpie-Jay）的意思是"喜鹊鸦"，已经暗示了这点。它长长的蓝尾巴，末端带着层次分明的白色羽毛尖让人想起欧洲的喜鹊，但它们的生活方式却是新大陆鸦的生活方式。它们以家族联盟的形式，五只到十只鸟在一起生活，喜欢热带或亚热带稀树林（Trockenwälder）和潮湿的低地森林（Tieflandfeuchtwälder），但它们也会去没树的沙地草原（Heidefläche）、农田或者种植园。比如，在墨西哥的恰帕斯州（Chiapas），它们也寻找乡下的农场或者餐馆附近居住。即使没有像欧洲的喜鹊那样迁到城里，它们也变得非常不认生，甚至调皮放肆。在恰帕斯州，可以看到它们在餐馆里客人走后，把剩下的所有吃的连带面包筐都收拾走了。这时它们戴着它们黑白相间、向前卷着的羽冠，用喜鹊的行走方式来到人们身边，显得可爱讨喜而不像是灵活的窃贼。如果不去看只是听，会以为是一群鹦鹉。它们的演唱曲目非常丰富，包括粗犷的叫声和让人想起蛙鸣的像打鼾、电锯一样的声音，但它们的歌唱中有旋律的部分又可以描述为像水一样流畅。

松鸦

学　名：*Garrulus glandarius*
德文名：Eichelhäher
英文名：Eurasian Jay
法文名：Geai des chênes

　　鸽子大小的鸦长着齐刷刷的直尾巴，宽圆翅膀和有力的喙，在激动时可以把头上的毛竖成一个冠。这样当它们从阳台的鸟巢向屋内看时，就显得不危险，而是清醒又注意力集中的。它们也确实如此，所以人们以前叫它们"森林警察"。它们的大声警告像两声连着的"施嗨嘞"或者"嘞嗤"，这不仅是对它同类的警告，也是告诫其他像山雀、燕雀或者鸽子等鸟，注意猫或者苍鹰来了。今天，当它们进入从西北非到日本和中南半岛北部（Nord-Indochina）的巨大分布区的城市以后，它们更多在后院或公园，而不是在森林里警告大家。松鸦成对生活在孵化区或者独居。成对的鸟里，雄鸟不必听雌鸟的叫声就能确定雌鸟最新的饮食喜好。雄鸟觉得它们的伴侣是能变换情绪的、有内在生命力的生物。成对的鸟会整年占据有利地区并待在那里。如果没什么事发生，它们会好几年都忠实地待在一个地方。秋天时，它们开始大量收集橡果和其他种子，藏在所有可能的地方，从花盆到屋顶瓦片下都藏有种子。英国的一项研究表明，五只松鸦曾在一个秋天藏了二十万个橡果。

星鸦

学　名：*Nucifraga caryocatactes*
德文名：Tannenhäher
英文名：Spotted Nutcracker
法文名：Cassenoix moucheté

　　星鸦仅仅比松鸦大一点儿。它的尾巴明显更短，而和头一样长的喙更长更有力。在中欧，星鸦首先出现在中等高度的山脉，比如，阿尔卑斯山、中央高原、侏罗（der Jura）山脉、孚日山脉（Vogesen）和黑森林。这些鸟整年成对居住在它们的领地，主要靠松果和榛子养活自己。如果有人较长时间待在星鸦居住的森林就不可能错过它们。它们激动的刺耳的叫声"科嗨—科嗨"非常大声、深入骨髓。它们很喜欢张大翅膀朝斜坡顺势高速冲下来，以便之后能非常短暂突然地在树冠前停住落下。当它们为了以后收藏食物，在喉囊里存放了多至百粒的高山松子后，这俯冲动作看起来就尤其危险。星鸦和高山松有种共生的关系。因为种子重没办法随风扩散，就只能依靠鸦的帮助传播出去。鸦要么立刻打开种子吃，要么把它们嵌进树干或枝丫凹陷处再用喙进行加工。秋天它们把种子大量藏进土里或石块里，到冬天再透过超过一米高的雪层把它们找出来。

棕腹树鹊

学　名：*Dendrocitta vagabunda*
德文名：Wanderbaumelster
英文名：Rufous Treepie
法文名：Témia vagabonde

　　在柬埔寨金边（Phnom Penh)的郊外，一对棕腹树鹊从我头顶飞过，很有可能是纯属幸运的巧合。虽然树鹊在城里游荡并不少见，但鸟类学家认为，它们类似欧洲喜鹊的"喳喳"叫，更应该会在印度的乡村和公园里回荡，而不是在鸟很少出现的柬埔寨。在这里，越南战争和红色高棉的破坏持续大规模摧毁了鸟的世界。棕腹树鹊最长长到五十厘米，它们修长的尾巴也不能改变它们敦实矮壮的身材。尤其当它们在地上跑或跳的时候，这身形更为突显。尽管名字像是候鸟，但它们不是。和一生相伴的伴侣在一起时，它们优先选择生活在树上。在树上，它们睡觉、搭窝、寻找吃的，首先是找像木瓜、无花果、浆果和更小的动物吃。在城里，它们也翻垃圾吃。它们长在翅膀上的棕白黑条纹非常醒目、易于辨认，因为它们总是靠近地面，像波浪一样在人眼前飞过。如果它们允许人们靠近，会让人大吃一惊，因为那之后雄鸟会对着雌鸟轻柔地唱歌，旋律优美，有时会长时间地唱，这和它们平时粗鲁的叫声形成鲜明对比。

喜鹊

学　名：*Pica Pica*
德文名：Elster
英文名：Common Magpie
法文名：Pie bavarde

　　醒目的黑白色喜鹊拖着长长的、阶梯状的楔形尾巴，是不容忽视的。而且它们总是把巢筑在可以看到的高高的枝杈上，窝上还有屋顶盖着。这样窝就成了圆的，就像树枝做成的球。在筑巢期间，喜鹊夫妇紧靠着彼此，在巢旁边挨着睡。只要巢造好了，它们就分开睡。这对夫妇整年都守护它们的领地，很少和其他喜鹊结盟。还没有结成一对、没有领地的喜鹊组成十只到十五只松散的、东游西逛的鸟群。尤其在 2 月到 3 月孵卵期之前，成对的、有领地的喜鹊和没有领地的喜鹊会打架。没有领地的鸟可能在战争中攻击有领地的鸟夫妇，赶走它们。有时年轻的鸟能做到使老鸟夫妇离开原地而不一定要把它们完全赶走。之后，老鸟们待在领地边缘、满足于住在领地的剩余部分。另一种接手领地的温和措施是在已经建立的领地之间建立一个较小的领地，再逐步向两边已经形成的领地扩张。由于不孵卵的鸟持续威胁孵卵的夫妇，所以只有相处和睦的夫妇才能保住它们的领地。因此喜鹊们花很多时间来维护它们的伴侣关系。

红嘴山鸦

学　名：*Pyrrhocorax pyrrhocorax*

德文名：Alpenkrähe

英文名：Red-billed Chough

法文名：Crave à bec rouge

　　在鸦中，红嘴山鸦靠它的红喙和红腿引人注目。成年的红嘴山鸦弯曲修长的喙比头更长，喙的颜色在橙红和猩红之间变换。而且它的腿和脚还红得发亮。它们的群体分布在两个栖息地，一部分生活在爱尔兰、大不列颠、加那利群岛（kanarische Insel）和西班牙西北部海岸的礁石上，另一部分定居在从阿尔卑斯山到喜马拉雅的高山地区。在两个栖息地中，红嘴山鸦都喜欢在地上找吃的。在英国海滩上，可以很好地观察到它们如何觅食：它们走得相当快，在一个地方把石头翻开，或在其他什么地方把堆起来的落叶扒开。在松软的土地上，它们的喙会一阵阵连续地凿、啄，绕着圈地（zirkelh）[1]或挖掘着找食物。它们几乎只吃依靠土壤生存的昆虫，比如，甲虫、蚂蚁、苍蝇和蛹、蜘蛛或千足虫。它们只是在例外情况下才碰腐尸或垃圾。因为红嘴山鸦一整年都结成较松散的队伍觅食，在队伍中不一定能区分出成对的孵卵的鸟和不孵卵的鸟。固定的夫妇总是不断互相喂食，可以通过这点来辨认它们。红嘴山鸦的雄鸟总是喂雌鸟。

---

[1] 这是一个鸟类觅食的术语，指的是它们用嘴挖洞，张嘴把洞扩大以后，绕着洞来回走，时不时把一侧的眼睛转过来看着洞以监控虫子有没有从洞里出来。——译者注

黄嘴山鸦

学　名：*Pyrrhocorax graculus*

德文名：Alpendohle

英文名：Yellow-billed Chough

法文名：Chocard à bec jaune

　　黄嘴山鸦的大小和红嘴山鸦差不多一样大，但它们的喙比头要短，有点弯曲，是很明显的黄色，脚和腿橙色到淡红色不等。但因为红嘴山鸦和黄嘴山鸦可以杂交生育后代，它们的区别就不明显了。一般来说，黄嘴山鸦的日常节奏本质上更多取决于空中气流和食物供应。黄嘴山鸦也吃腐尸，吃倒下的羚羊以及各种垃圾。以垃圾为食的时候，它们每日的觅食节奏很大程度上就得适应人类生活规律。比如，在中学会有机会吃到被学生扔下来的面包，它们就在课间休息时出现。阿尔卑斯山的休息区和野餐场所在旺季特别受它们欢迎。它们也让人喂食，可能这时，它们就变得像可以近距离观察的动物园里的动物那么温顺了。它们总是在无法进入的裂缝或洞穴的岩石墙里或者废墟的墙洞里、教堂的塔里或者缆车车站寻找住处。鸦巢可以保留几年，就如它们的"婚姻"那么长久，有时甚至可以到八年。换掉伴侣是非常罕见的。如果有雌鸟换掉伴侣，也是因为负责找食物的雄鸟犯错导致的。雄鸟喂食通常还伴随着非常轻柔的歌唱，听起来就像是舒缓的曲调下充满变化的闲聊。

寒鸦

学　名：*Corvus monedula*
德文名：Dohle
英文名：Eurasian Jackdaw
法文名：Choucas des tours

　　在许多城市，人们逐渐可以观察到寒鸦玩它们费尽心思的空中游戏了。柏林的秋冬季直到春天晚些时候，在柏林大教堂都可以看到这一幕。在波茨坦，可以整年看到它们在绿地，还有交通安全岛（Verkehrsinsel）散步。非常喜欢社交的寒鸦很少单独待着。它们的头明显比黄嘴山鸦要胖。脖颈后面和侧面是淡灰色的，和下面的黑色的身体形成反差。寒鸦通常清亮的"嘎呀嘎"或者"嘎呀"的叫声会拉长或者变成强烈的申斥声，它的叫声有很多变化，在柏林整个灰色的冬天，听起来新鲜戏谑，和秃鼻乌鸦、冠小嘴乌鸦忧郁的"嘎拉"声罕有相同之处。总是能够从上千的秃鼻乌鸦的巨大又铺天盖地的冬季鸟群中听出寒鸦明亮的叫声。寒鸦喜欢和秃鼻乌鸦结伙，但这种联盟并不能脱离严格的等级制度，而且常常充斥着强烈的竞争，比如，争鸟巢的地盘。它们的鸟巢是由成对的鸟一起在洞穴、黏土墙或者岩石墙的洞或者凹陷处，在废墟、教堂或者桥的钢铁架构里挑选出来的。寒鸦要么会紧靠在一起集体孵卵，要么单独做这件事。当它们在树上筑巢时，才会单独孵卵。当雌鸟孵卵时，雄鸟喂它，直到有三四只雏鸟孵化以后，双方才一起喂养。

秃鼻乌鸦

学　名：*Corvus frugilegus*
德文名：Saatkrähe
英文名：Rook
法文名：Corbeau freux

　　关于鸦最近的头条新闻和到 2011 年秋天才建成不过五年的老柏林主火车站屋顶漏水有关。一下雨，水就滴进火车站里面，留下一小滩水。所有的报道都认定罪魁祸首是鸦。它们发现屋顶的密封条松了，玩了一下，所以造成了以上后果。闯祸的是秃鼻乌鸦。每年秋天，数以万计的秃鼻乌鸦从俄罗斯的广阔平原和波兰迁徙到西方来，比如，到柏林来过冬。北边和东边的秃鼻乌鸦是典型的候鸟。因此当地也称它们为冬季鸦。与此相反，西边和南边的鸦群是留鸟。秃鼻乌鸦整年都结伴而行，成群孵卵，这些群可能规模巨大，最多会有两万五千个鸟巢。和灰黑色的冠小嘴乌鸦不同，秃鼻乌鸦是深黑色的，这黑色带着蓝色或紫色的金属光泽，光照下色泽比小嘴乌鸦和冠小嘴乌鸦的更深。鸦腿周围是浓密的绒毛，仿佛它们穿着"羽毛裤"。当它们在公园绿地或市政厅广场上迈着鸦步（im Krähengang）闲逛时，腿上的羽毛裤让鸦狡诈中显现出些许威严的气质。引人注目的还有它们光秃秃的亮灰色喙基。

小嘴乌鸦

学　名：*Corvus corone*
德文名：Rabenkrähe
英文名：Carrion Crow
法文名：Corneille noire

　　闪亮的黑乌鸦伴侣固定，住在林荫道、森林边缘或者城市公园里的树上、街道边的树上这样半开放的景观中。它们的叫声时断时续、会两次到六次重复地发出"嘎来"、"嘎拉"或者"嘎拉呵"的声音，非常引人注意。但凡它们出现的地方，就能听到这叫声。这种很清晰的叫声就是一般所说的"老鸹叫"，谁在慕尼黑的英国花园太靠近一只乌鸦、超过它的领地界线，谁就会听到这种伴随着特别姿态的叫声：在粗哑而喧闹的叫声中，鸦鼓起喉咙处的毛把头伸向前，又低下头来再甩着抬高它，同时它们把翅膀轻微抬起。这些姿势令人印象深刻、有威胁感，但并不让人害怕。只有非常有自我意识的领地鸦才在人靠很近的时候对他们这么做，这是因为它们知道至少在慕尼黑的英国花园，人们不会因此射击它们而是会继续走，离开它们。乌鸦什么都吃，发展了各种觅食技巧。它们带着贝壳飞几米高，再让这些贝壳掉落在岩石上摔碎。在乡村公路和高速公路上，它们一对一对地在街边巡逻，寻找被轧死的动物。

冠小嘴乌鸦

学　　名：*Corvus Cornix*
德文名：Nebelkrähe
英文名：Hooded Crow
法文名：Corneille mantelée

　　灰黑色的冠小嘴乌鸦和小嘴乌鸦在许多方面很像。在德国，这两种鸟的区别首先在于它们的居住区不同。小嘴乌鸦在西部和南部定居，而冠小嘴乌鸦生活在东部、北部。两种鸟的分布地区在石勒苏益格—荷尔斯泰因和梅克伦堡—前波美拉尼亚形成交集，但决定它们的分布的是冠小嘴乌鸦在柏林而小嘴乌鸦在慕尼黑。这也并不影响南德的鸦突然越来越多侵入北德的柏林生活。然而两种鸦还是有区别的。冠小嘴乌鸦的"嘎拉"鸦鸣比小嘴乌鸦的更亮，更有金属声又没有那么嘶哑。许多听起来一样的叫声似乎也有意思上的差别，这就让冠小嘴乌鸦和小嘴乌鸦不那么容易互相理解，或者几乎不可能互相沟通了。基本的社会结构倒是一样的。冠小嘴乌鸦也是成对在固定的领地生活。此外有不成对的鸦组成松散的联盟，鸦有时会容忍这些外来者待在自己的领地里，因此有领地的鸟夫妇很少像喜鹊那样只是两只。为了抵御城市里日益增加的像狐狸或苍鹰那样的敌人，其他鸦在场是非常必要的。冠小嘴乌鸦是贪玩的，不久前我观察到，它们在斜屋顶上往下滑，又飞起来，又往下滑。

佛罗乌鸦

学　名：*Corvus florensis*
德文名：Floreskrähe
英文名：Flores Crow
法文名：Corneille de Florès

　　对于观鸟者（Birder），也就是说所有可能的鸟类的朋友来说，看到一只佛罗乌鸦并确认是它，是一件可以引起轰动的事。所以我很高兴在弗洛勒斯岛的沃洛·塔德霍（Wolo Tadho）自然保护区看见过并听到过一只鸦。这种开心没什么好自豪的，佛罗乌鸦濒临灭绝、非常稀有，在科学上也没被研究过，甚至没有它们饮食方式的可信信息。很有可能这种四十厘米长的小鸦是以水果和小蜥蜴为食的。这种鸦的特殊品种只有在弗洛勒斯岛，也只在那里的热带雨林里才有。这也是它们陷入灭绝危险的原因。它们从不离开森林，显然不可能在耕地上存活下来。因此它们的生活更接近原始鸦，同时这也是它们的问题。印度尼西亚的弗洛勒斯岛上的雨林和所有其他地方一样被砍伐，但至少森林里还有少量的鸦，它们叫得清楚高亢，用自己的节奏"嘎哇嘎哇"地连着叫三次，同时尾巴向下压，头向上甩，以便再次发出高亢柔软的"哇嘎"声，同时像淋湿了那样抖着身体。这叫声仿佛旧时光的痕迹一样悠长，乡村鸦和城里鸦的声音不再这么悠扬，它们只会粗野地大喊大叫。

新喀鸦

学　名：*Corvus moneduloides*
德文名：Neukaledoniakrähe
英文名：New Caledonian Crow
法文名：Corbeau calédonien

　　新喀鸦，也叫作直喙鸦，只有新喀里多尼亚才有，它是位于澳大利亚东北岸边的南太平洋群岛。像弗洛勒斯岛鸦一样，这些鸦最初也是当地森林居民，但它们更好地适应了经过人工改造的自然环境。在新喀里多尼亚，它们也在大种植园附近住，还迁进城里。它们靠昆虫、水果、坚果、种子、小鸟、蛋、蜗牛和腐尸为食，绞尽脑汁发明了聪明的猎食方法。它们四只或五只一组捕猎昆虫。猎食方式是一只鸦跨步穿过草丛，其他的鸦趁机在空中捉住那些惊起的昆虫。为了吃到在树皮下面或者在腐烂的树干里藏着的幼虫，鸦把树枝上的叶子去掉，用喙叼着树枝去捅木头、找幼虫。它们总是四只到十只鸟一小群觅食，这个技术就一代传一代地扩散下去了，由此就产生了有规律的传统，这些传统之间又有变化。牛津生物学家亚历克斯·卡采尔尼克的实验证明鸦能制造工具，这让新喀鸦贝蒂和阿贝尔世界闻名。出名是应该的，因为没有什么比报道狡猾的鸦的新闻更合适的证据来说明当代生物学（neuere Biologie）以灵长目动物为中心的动物人格化投射[1]（Anthropomorphismus）是错的。

1　把人的思想情绪行为投射到周围动物身上，认为它们也像人一样行动，有思维，有情绪。——译者注

非洲白颈鸦

学　名：*Corvus albus*
德文名：Schildrabe
英文名：Pied Crow
法文名：Corbeau pie

约四十五厘米长的非洲白颈鸦长着典型的由乌黑底色衬托出的白色脖颈和白色胸脯。它们是非洲居住区分布最广阔的鸦。白色脖颈也让它们在开普敦的平顶山上不会让人认错。正如厚嘴渡鸦属于埃塞俄比亚，非洲白颈鸦属于平顶山。每当热气流条件允许的时候，它们就顺着山周围的上升气流滑翔，以显示它们是优秀的飞行员。它们典型的叫声是低沉的喉音"嘎拉嘎"。这声音无法和渡鸦的区别开来。但白颈鸦不仅是挨着平顶山滑行，它们也占领了南非的街道。黑鸢（Schwarzmilanen）和秃鹳（Marabus）——这种鹳鸟的脑袋几乎是秃的，只竖着几根凌乱的杂毛——常常陪着它们一起吃腐尸，这是它们唯一喜欢的食物。仅在抚养幼鸟的时期，它们才和所有鸣禽一样用昆虫喂养幼鸟，优先追逐的是甲虫、白蚁和蝗虫。非洲白颈鸦夫妇在树上单独筑巢，尽可能远离其他成对的鸟。两只异性鸟一起孵四个到五个蛋。这些巢在非洲被大斑凤头鹃（*Clamator glandarius*）寄生。大斑凤头鹃专门寄生在鸦那里。在西班牙，它们把蛋下到喜鹊窝里。和著名的布谷鸟不同的是，幼鸟并不把它们异父异母的兄弟姐妹扔出窝外，而是模仿小乌鸦的乞食叫声，和它们一起长大。

厚嘴渡鸦

学　名：*Corvus crassirostris*
德文名：Erzrabe
英文名：Thick-billed Raven
法文名：Corbeau corbivau

　　强壮有力的厚嘴渡鸦最长六十五厘米，长着向前弯的尖尖的喙（Schnabelrücken），有过大的厚喙，它只出现在埃塞俄比亚和厄立特里亚。埃塞俄比亚的首都亚的斯亚贝巴算是观察这些大乌鸦的最佳地点之一。如果中午遇到在树下阴影里的鸦群的话，可能会觉得恐怖。尤其是它们很少对人类观察者做出反应，显得太过安静，这酷热之下也可以理解。然后当人靠它们太近的时候，它们会突然开始像猪"哼哼"一样声音越来越大，这就显得尤为恐怖。开始人们并不相信，但事实就是厚嘴渡鸦可以像猪那样"哼哼"，也就是"咯噜啊哦"，这声音再后来过渡成大笑的咳嗽声"哈哦哦"。无论如何，一旦听过它们叫就知道为什么它们会被描述成对人无所畏惧的鸟。除此之外，在埃塞俄比亚它们是吃腐尸的鸟和城市清洁工，也因此和秃鹫一样受欢迎，除了秃鹫以外，它们也常常待在埃塞俄比亚东部哈勒尔的兰波（Rimbaud）故居隔壁的屋顶上。最后不得不问，它们用这么厚的喙怎样才能捉住昆虫呢？

短嘴鸦

学　名：*Corvus brachyrhynchos*
德文名：Amerikanerkrähe
英文名：American Crow
法文名：Corneille d'Amérique

　　从加拿大往南，短嘴鸦出现在整个北美洲。它们被在美国从事自然写作的首批作者描述为开放的阔叶林区的居住者。鸦在所有被人类创造出的生物生活环境（Biotope）中扩展它们的生存空间。在底特律这样衰退的城市中，鸦把它们的巢建在房子上。这是过去总在树上待着的鸦到现在为止使用人类资源的新形式。它们的声音曲目在鸦中是被研究得最好的，非常多种多样。短嘴鸦具有三十多种不同的叫声，它们能够将这些声音排列组合，在不同的语境中用来报警、互相联系、表示距离长短或者报告有食物。其中还有它们用歌唱或者不同叫声序列模仿的自然之声和人声。显然它们集体学习了近邻，以至在整个北美洲的鸦中产生了好几种方言。它们的叫声如此多样，社会体系也同样有很多版本。短嘴鸦以固定长期伴侣的方式生活，但它们也可合作孵卵。这时一只、两只甚至也有三只其他的鸦支持孵卵的夫妇。它们成为窝边的协助者，和那些原本的父母一起养大这些幼鸟。

渡鸦

学　名：*Corvus corax*
德文名：Kolkrabe
英文名：Common Raven
法文名：Grand Corbeau

　　病毒学家洛伦兹·基尔哈姆（Laurence Kilham）写过一本关于短嘴鸦的最好的书。他曾被一只渡鸦教育成了一名与鸦和平共处的人。基尔哈姆曾经在冰岛试图射击一只渡鸦，却只是对它造成擦伤，这只鸟只掉了几根羽毛。当渡鸦注意到基尔哈姆没有继续给他的武器上膛，它就飞向基尔哈姆，从空中把它刚刚吃剩下的蔓越橘砸到他脑袋上。从此以后，基尔哈姆断定渡鸦是有幽默感的，因此他不再追踪猎杀它们了。这是很棒的例子，即使渡鸦分布在整个北半球，它还是很少出现的，这和对乌鸦无情的追捕有关。某种程度上现在还是如此。此外，所有观察者都认为它们很聪明，但在这方面它们从未从中受益。与此相反，人们追捕它们也正是因为它们传说中如此聪明。可能因此不应该总是描写它们的聪慧，而只该单纯地观察它们，就是欣赏它们利用上升气流在柏林的施潘道森林上方盘旋，或时不时当秃鹰经过时，看它们如何攻击秃鹰来保住它们的空中地盘。确实应该好好欣赏它们，因为没有一种鸟能像渡鸦那样滑翔得如此美丽。

参考文献

Marcel Beyer: *Kaltenburg.*
Roman. Suhrkamp, Frankfurt
am Main, 2008.
Beyers Roman liefert, unter den
Augen der Krähen geschrieben,
eine brillante Geschichte der
frühen Verhaltensforschung im
noch geteilten Deutschland.
Der Krähenroman schlechthin.

Handbook of the Birds of the
World, Vol. 14, Bush-Shrikes
to Old World Sparrows.
Hrsg.: Josep del Hoyo, Andrew
Elliot, David Christie. Lynx
Edicions, Barcelona, 2009.
Dieses Handbuch ist die bisher
vollständigste Enzyklopädie
zu den über 9 000 lebenden Vogel-
arten und auch für die Beschäf-
tigung mit Krähen ein unverzicht-
bares Grundlagenwerk.

Handbuch der Vögel Mitteleuro-
pas. Band 13/III Passeriformes:
Corvidae – Sturnidae. Hrsg.:
Urs N. von Blotzheim und Kurt
M. Bauer. Aula Verlag,
Wiesbaden, 1993.
Das Handbuch ist mit seinem
Fakten- und Detailreichtum über
Verhalten, Ökologie und Bio-
geographie der einheimischen
Krähen das Standardwerk.

Bernd Heinrich: *Die Seele der*
Raben [*Ravens in Winter*, 1991].
S. Fischer Verlag, Frankfurt
am Main, 1994.
Das beste Buch über den Kolk-
raben. Heinrich verbindet
Berichte seiner eigenen For-
schungen an wilden und
handaufgezogenen Raben mit
der Mythengeschichte der
Vögel in der Tradition der ame-
rikanischen Science Writer.

Bernd Heinrich: *Mind of the Raven*. New York, 1999.
Heinrichs Fortsetzung seiner Rabenforschung mit einer empirisch wie theoretisch fundierten Diskussion des Bewusstseins der Vögel.

Helm Identification Guides: Crows & Jays. Hrsg.: Steve Madge und Hilary Burn. Christopher Helm A&C Black, London, 1999.
Das vollständige Bestimmungsbuch der Krähenvögel mit sehr guten Zeichnungen und kurzen Informationen über Verbreitung und Verhalten der Vögel.

Lawrence Kilham: *The American Crow and the Common Raven*. Texas A&M University Press, 1989.
Ein weltweit anerkannter Virologe wird nebenbei zum privaten Krähenforscher und nutzt die Unabhängigkeit im Sinne einer wirklichen Methodenvielfalt. Großartig.

Josef H. Reichholf: *Rabenschwarze Intelligenz. Was wir von Krähen lernen können*. Herbig, München, 2009.
Reichholfs Geschichte der Rabenintelligenz ist auch eine Geschichte über die Sinnlosigkeit der Bejagung der Krähen. Sie besticht mit einer luziden Argumentation gegen die Jagd auf die Vögel.

Boria Sax: *Crow*. Reaktion Books, London, 2010.
Der Literaturwissenschaftler Sax erzählt die Mythen- und Kulturgeschichte der Krähen von Mesopotamien bis ins 20. Jahrhundert. Reich bebildert, ist sein Buch ein schönes Beispiel der Animal Studies.

图片索引

第 75 页

Jackdaw, Corvus monedula J.Gould,
E.Gould & E.Lear: The Birds of
Europe, Vol.3, London 1837.

第 91 页

Crow

F. Schuyler Mathews：Field Book of
Wild Birds and Their Music, London
1921.

第 97 页

Rabenbaum

Caspar David Friedrich
(1774-1840), 75 × 59 cm, Öl auf
Leinwand, 1822, Paris, Musée
du Louvre.

第 102 页

Chough

W. Swaysland：Familiar wild birds,
Vol.1, London/Paris/New York, 1883.

第 106, 107 页

Weizenfeld mit Raben

Vincent van Gogh(1853-1890,
103 × 50.5 cm,
Öl auf Leinwand, 1890, Amster-
Dam, Rijksmuseum.

第 111-149 页

Handbook of the Birds of the World,
Vol. 14, Bush-Shrikes to Old World
Sparrows, edited by J. del Hoyo,
A.Elliott & D. A.Christie, Barcelona
2009.

第 *XIV* , 09, 13, 16, 17, 19, 23, 30, 41, 48,
53, 57, 64, 66, 76, 82, 93, 98, 108 页
Illustrationen von Falk Nord-
Mann, Berlin 2013.

In wenigen Fällen konnten die
Rechteinhaber nicht ausfindig
gemacht werden. Sollte eine
Quelle nicht oder nicht vollstän-
dig angegeben sein, bittet der
Verlag um Hinweise.

作者简介：

科德·里希尔曼（Cord Riechelmann），
1960 年生于策勒，在柏林自由大学读生物学
和哲学专业。他曾任灵长目动物社会行为学
讲师，还做过《法兰克福汇报》柏林版的专
栏作家和城市生态环境记者。如今他是身在
柏林的出版人和作家。

译者简介：

马琰，西安外国语大学欧洲学院教师。

图书在版编目（CIP）数据

鸦／（德）科德·里希尔曼著；马琰译. — 北京：
北京出版社，2025.4
ISBN 978-7-200-13619-7

Ⅰ.①鸦… Ⅱ.①科…②马… Ⅲ.①乌鸦—普及读
物 Ⅳ.①Q959.7-49

中国版本图书馆CIP数据核字（2017）第310943号

策 划 人：王忠波　　　　　学术审读：刘　阳
责任编辑：王忠波　邓雪梅　　责任营销：猫　娘
责任印制：燕雨萌　　　　　　装帧设计：吉　辰

鸦
YA

[德] 科德·里希尔曼　著　　马　琰　译

出　　　版：北京出版集团
　　　　　　北 京 出 版 社
地　　　址：北京北三环中路6号（邮编：100120）
总 发 行：北京出版集团
印　　　刷：北京华联印刷有限公司
经　　　销：新华书店
开　　　本：880毫米×1230毫米　1/32
印　　　张：5.75
字　　　数：86千字
版　　　次：2025年4月第1版
印　　　次：2025年4月第1次印刷
书　　　号：ISBN 978-7-200-13619-7
定　　　价：68.00元

如有印装质量问题，由本社负责调换　质量监督电话：010-58572393

著作权合同登记号：01-2017-7317

First published in the series Naturkunden, edited by Judith Schalansky for Matthes & Seitz Berlin